高等院校数字艺术设计系列教材

Photoshop CS6

平面设计 应用案例教程|微课版

吴国新 时延辉 曹天佑 编著

清华大学出版社

北京

内 容 简 介

本书以案例作为主线，在具体应用中体现软件的功能和知识点。根据Photoshop的使用习惯，由简到繁精心设计了96个实例，由高校老师及一线设计师共同编写，循序渐进地讲解了使用Photoshop制作和设计专业平面作品所需要的知识。全书共分12章，包括Photoshop软件的基础操作、图像编修基础与调整、图像的选取与编辑、绘图与修图、填充与擦除、图层与路径、蒙版与通道、文字特效的编辑与应用、网页元素设计与制作、企业形象设计、广告海报设计和封面与招贴设计等内容。

本书采用案例教程的编写形式，兼具技术手册和应用技巧参考手册的特点，技术实用，讲解清晰，不仅可以作为图形图像设计初中级读者的学习用书，也可以作为大中专院校相关专业及图形设计培训班的教材。

图书在版编目(CIP)数据

Photoshop CS6平面设计应用案例教程：微课版 / 吴国新，时延辉，曹天佑 编著. —北京：清华大学出版社，2018（2024.3重印）

(高等院校数字艺术设计系列教材)

ISBN 978-7-302-50443-6

Ⅰ. ①P… Ⅱ. ①吴… ②时… ③曹… Ⅲ. ①平面设计—图像处理软件—高等学校—教材 Ⅳ. ①TP391.41

中国版本图书馆CIP数据核字(2018)第123085号

责任编辑：李　磊　焦昭君
装帧设计：王　晨
责任校对：曹　阳
责任印制：曹婉颖

出版发行：清华大学出版社
　　　　　网　　　址：https://www.tup.com.cn, https://www.wqxuetang.com
　　　　　地　　　址：北京清华大学学研大厦A座　　　　　邮　　编：100084
　　　　　社　总　机：010-83470000　　　　　　　　　　邮　　购：010-62786544
　　　　　投稿与读者服务：010-62776969，c-service@tup.tsinghua.edu.cn
　　　　　质　量　反　馈：010-62772015，zhiliang@tup.tsinghua.edu.cn
印　装　者：涿州市般润文化传播有限公司
经　　销：全国新华书店
开　　本：185mm×260mm　　　印　　张：15.5　　　字　　数：376千字
版　　次：2018年6月第1版　　　印　　次：2024年3月第3次印刷
定　　价：69.80元

产品编号：078168-01

当计算机成为当今人们不可或缺的产品之后，平面设计也从之前的手稿设计变为计算机辅助设计了，通过使用计算机中的平面设计软件，不但节省了设计时间，也从根本上解决了设计人员对手绘不熟悉的问题。在所有平面设计软件中，Photoshop当之无愧成为领头羊，原因是其操作简单、容易上手且能按照设计师的意愿随意添加图像特效。

市面上的Photoshop书籍总体分为两种：一种是以理论为主的功能讲解，另一种是以实例为主的案例操作，对于新学习软件的读者总是会被理论或直接的案例搞得一头雾水，不知某个功能具体在什么时候使用。围绕着这一点困惑，我们为大家特意推出这本在实例中穿插软件功能的Photoshop书籍，全书按照案例的方式将理论进行合理穿插，从而使读者能够更容易了解软件功能在设计中的运用，使读者在学习时少走弯路，直接体验设计的乐趣。通过本书学习希望能够帮助读者解决学习中的难题，提高技术水平，快速成为平面设计高手。

本书特点

本书内容由浅入深，丰富多彩，力争涵盖Photoshop CS6中全部的知识点，以案例的方式对软件的功能进行详细讲解，使读者尽快掌握软件的应用。

本书具有以下特点：

◎ 内容全面，几乎涵盖了Photoshop CS6中的所有知识点，在设计中使用的不同方法和技巧都有相应的案例作为引导。本书由高校老师及一线设计师共同编写，从图形设计的一般流程入手，逐步引导读者学习软件和设计的各种技能。

◎ 语言通俗易懂，讲解清晰，前后呼应，以最小的篇幅、最易读懂的语言来讲解每一项功能和每一个案例，让读者学习起来更加轻松，阅读更加容易。

◎ 案例丰富，技巧全面实用，技术含量高，与实践紧密结合。每一个案例都倾注了作者多年的实践经验，每一项功能都经过技术认证。

◎ 注重理论与实践的结合，在本书中案例的运用都是以软件的某个重要知识点展开，使读者更容易理解和掌握，方便知识点的记忆，进而能够举一反三。

本书章节安排

本书依次讲解了 Photoshop 软件的基础、图像编修基础与调整、图像的选取与编辑、绘图与修图、填充与擦除、图层与路径、蒙版与通道、文字特效的编辑与应用、网页元素设计与制作、企业形象设计、广告海报设计和封面与招贴设计。

本书作者具有多年丰富的教学经验和实际设计经验，在编写本书时将自己实际授课和作品设计过程中积累下来的宝贵经验与技巧展现给读者，希望读者能够在体会 Photoshop 软件强大功能的同时，将创意和设计理念通过软件操作反映到图形图像设计制作的视觉效果中来。

本书读者对象和作者

本书主要面向初、中级读者，是一本非常适合的入门与提高教材。对于软件的讲解从必备的基础操作开始，以前没有接触过 Photoshop CS6 的读者无须参照其他书籍即可轻松入门，接触过 Photoshop 软件的读者同样可以从中快速了解该软件的各种功能和知识点，自如地踏上新的台阶。

本书主要由吴国新、时延辉和曹天佑编著，参加编写的人员还有黄友良、王红蕾、陆沁、戴时影、潘磊、刘冬美、尚彤、孙倩、殷晓峰、谷鹏、胡铂、赵顿、张猛、齐新、王海鹏、刘爱华、王君赫、张杰、张凝、周荣、周莉、陆鑫、刘智梅、贾文正、蒋立军、蒋岚、蒋玉、苏丽荣、谭明宇、李岩、吴承国、陶卫锋、孟琦、曹培军等。

由于作者水平所限，书中疏漏和不足之处在所难免，敬请读者批评指正。

本书提供了案例的素材文件、源文件、视频以及 PPT 课件等立体化教学资源，扫一扫右侧的二维码，推送到自己的邮箱后下载获取。

编　者

Photoshop CS6 | 目录

第1章

Photoshop CS6

| Photoshop软件的基础操作

本章主要讲解Photoshop的基本操作知识,从认识软件的整体到图像处理流程以及辅助功能,包括新建、打开、保存等文件的基本操作,像素与分辨率、位图与矢量图、颜色模式等图像应用方面的基本概念,以及标尺、网格、参考线以及界面模式的设置等,让大家在处理图像之前,对Photoshop软件和图像的概念有初步的了解。

| 本章重点

- 认识工作界面
- 了解位图、双色调颜色模式

- 认识图像处理流程
- 了解RGB、CMYK颜色模式

- 设置和使用标尺与参考线
- 位图、像素以及矢量图

- 设置暂存盘和使用内存

- 设置显示颜色

- 改变画布大小

- 改变照片分辨率

| 实例1　认识工作界面　🔍

实例 ▸ 目的

　　通过打开如图1-1所示的效果图，迅速了解Photoshop CS6的工作界面。

实例 ▸ 重点

★　"打开"菜单命令的使用；
★　界面中各个功能的使用。

扫一扫

微课视频

实例 ▸ 步骤

STEP 1 执行菜单"文件/打开"命令，打开附赠资源中的"素材文件/第1章/夜"素材，整个Photoshop CS6的工作界面如图1-2所示。

◼ 图1-1　效果图

◼ 图1-2　工作界面

STEP 2 标题栏位于整个界面的顶端，显示了当前应用程序的名称、相应功能的快捷图标、相应功能对应工作区的快速设置，以及用于控制文件窗口显示大小的窗口最小化、窗口最大化（还原窗口）、关闭窗口等几个快捷按钮。

STEP 3 Photoshop CS6的菜单栏由"文件""编辑""图像""图层""文字""选择""滤镜""3D""视图""窗口"和"帮助"共11类菜单组成，包含了操作时要使用的所有命令。要使用菜单中的命令，只须将鼠标指针指向菜单中的某项并单击，此时将显示相应的下拉菜单。在下拉菜单中上下移动鼠标进行选择，然后再单击要使用的菜单选项，即可执行此命令。如图1-3所示为执行"滤镜/风格化"命令后的下拉菜单。

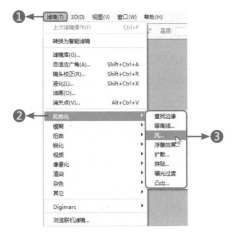

■ 图1-3　菜单命令

STEP 4 Photoshop的工具箱位于工作界面的左边，所有工具全部放置在工具箱中。要使用工具箱中的工具，只要单击该工具图标即可在文件中使用。如果该图标中还有其他工具，单击鼠标右键即可弹出隐藏工具栏，选择其中的工具单击即可使用，如图1-4所示就是Photoshop的工具箱。

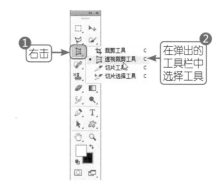

■ 图1-4　工具箱

STEP 5 Photoshop的属性栏（选项栏）提供了控制工具属性的选项，其显示内容根据所选工具的不同而发生变化，选择相应的工具后，Photoshop的属性栏（选项栏）将显示该工具可使用的功能和可进行的编辑操作等，属性栏一般被固定存放在菜单栏的下方。如图1-5所示的图像就是在工具箱中单击▣（矩形选框工具）后显示的该工具的属性栏。

■ 图1-5　矩形选框工具的属性栏

STEP 6 "工作区域"是进行绘图、处理图像的区域。用户还可以根据需要执行"视图/显示"菜单命令中的适当选项来控制工作区内的显示内容。

STEP 7 "面板组"是放置面板的地方，根据设置工作区的不同会显示与该工作相关的面板，如"图层"面板、"通道"面板、"路径"面板、"样式"面板和"颜色"面板等，总是浮动在窗口的上方，用户可以随时切换以访问不同的面板内容。

STEP 8 "工作窗口"可以显示当前图像的文件名、颜色模式和显示比例的信息。

STEP 9 状态栏在图像窗口的底部，用来显示当前打开文件的一些信息，如图1-6所示。单击三角符号打开子菜单，即可显示状态栏包含的所有可显示选项。

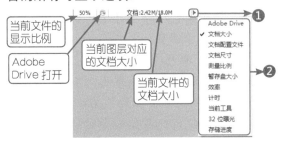

◀图1-6 状态栏

其中的各项含义如下。

★ Adobe Drive：用来连接Version Cue服务器中的Version Cue项目，可以让设计人员合力处理公共文件，从而让设计人员轻松地跟踪或处理多个版本的文件。

★ 文档大小：在图像所占空间中显示当前所编辑图像的文档大小情况。

★ 文档配置文件：在图像所占空间中显示当前所编辑图像的图像模式，如RGB颜色、灰度、CMYK颜色等。

★ 文档尺寸：显示当前所编辑图像的尺寸大小。

★ 测量比例：显示当前进行测量时的比例尺。

★ 暂存盘大小：显示当前所编辑图像占用暂存盘的大小情况。

★ 效率：显示当前所编辑图像操作的效率。

★ 计时：显示当前所编辑图像操作所用去的时间。

★ 当前工具：显示当前进行编辑图像时用到的工具名称。

★ 32位曝光：编辑图像曝光只在32位图像中起作用。

★ 存储进度：Photoshop CS6新增的功能，用来显示后台存储文件时的时间进度。

实例2 认识图像处理流程 🔍

 目的

通过制作如图1-7所示的效果图，初步了解新建文件、保存文件、关闭文件、打开文件的一些基础知识和图像处理的流程。

实例 重点

★ "新建""打开"和"保存"命令的使用；

★ "移动工具"的应用；

★ "缩放"命令的使用；

★ 填充前景色。

扫一扫

微课视频

◀图1-7 效果图

实例 步骤

STEP 1 执行菜单"文件/新建"命令或按Ctrl+N键，打开"新建"对话框，将其命名为"新建文件"，设置文件的"宽度"为942像素、"高度"为712像素、"分辨率"为300像素/英寸，在"颜色模式"中选择"RGB颜色"，选择"背景内容"为"白色"，如图1-8所示。

STEP 2 单击"确定"按钮后，系统会新建一个白色背景的空白文件，如图1-9所示。

◀图1-8 "新建"对话框

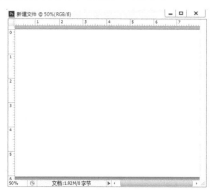

◀图1-9 新建文件

STEP 3 执行菜单"文件/打开"命令，打开附赠资源中的"素材文件/第1章/精彩桌面"素材，如图1-10所示。

STEP 4 在工具箱中选择 ⊹（移动工具），拖曳树叶文件中的图像到刚刚新建的空白文件中，在"图层"面板的新建图层名中的名称上双击鼠标左键并将其命名为"两只象"，如图1-11所示。

◀图1-10 素材

◀图1-11 命名

STEP 5 执行菜单"编辑/变换/缩放"命令，调出缩放变换框，拖曳控制点将图像缩小，如图1-12所示。

◀图1-12 缩小图像

技 巧

按住Shift键拖曳控制点，将会等比例缩放对象；按住Shift+Alt键拖曳控制点，将会从变换中心点开始等比例缩放对象。

STEP 6 按Enter键，确认对图像的变换操作。在"图层"面板中选中"背景"图层，按键盘上的Alt+Delete键将背景填充为默认的前景色，如图1-13所示。

STEP 7 执行菜单"文件/存储为"命令，弹出"存储为"对话框，选择好文件存储的位置，设置"文件名"为"认识图像处理流程"，在"格式"中选择需要存储的文件格式（这里选择的格式为PSD格式），如图1-14所示。设置完毕后单击"保存"按钮，文件即被保存。

技 巧

在Photoshop CS6中可以通过"置入"命令将其他格式的图片导入当前文档中，在图层中会自动以智能对象的形式进行显示。

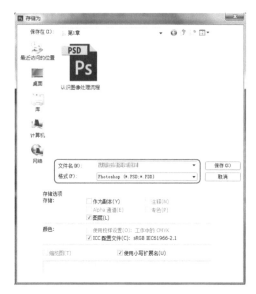

◨ 图1-13 填充

◨ 图1-14 "存储为"对话框

实例3 设置和使用标尺与参考线 🔍 →

实例 目的

通过制作如图1-15所示的效果图，了解"标尺"和"参考线"的使用方法。

实例 重点

★ "新建""打开"和"保存"命令的使用；

★ 标尺的应用；

★ 参考线的使用；

★ 填充前景色。

扫一扫

微课视频

实例 步骤

STEP 1 执行菜单"文件/打开"命令，打开附赠资源中的"素材文件/第1章/花"素材，如图1-16所示。

◨ 图1-15 效果图

◨ 图1-16 素材

STEP 2 执行菜单"视图/标尺"命令或按Ctrl+R键，可以显示或隐藏标尺，如图1-17所示。

STEP 3 执行菜单"编辑/首选项/单位与标尺"命令，弹出"首选项"对话框，在其中可以预置标尺的单位、列尺寸、新文档预设分辨率和点/派卡大小，在此只设置标尺的"单位"为"像素"，其他参数不变，如图1-18所示。

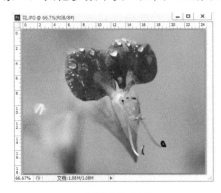

◁ 图1-17　标尺

◁ 图1-18　"首选项"对话框

STEP 4 设置完毕后单击"确定"按钮，标尺的单位改变，如图1-19所示。

STEP 5 执行菜单"视图/新建参考线"命令，打开"新建参考线"对话框，选中"垂直"单选按钮，设置"位置"为500px，然后单击"确定"按钮，如图1-20所示。

STEP 6 执行菜单"视图/新建参考线"命令，打开"新建参考线"对话框，选中"水平"单选按钮，设置"位置"为450px，然后单击"确定"按钮，如图1-21所示。

◁ 图1-19　改变标尺单位

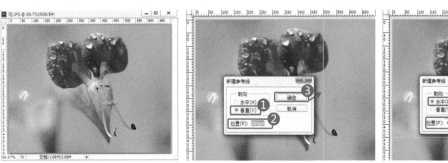

◁ 图1-20　设置参考线

◁ 图1-21　设置参考线位置

技 巧

改变标尺原点时，如果要使标尺原点对齐标尺上的刻度，拖曳时按住Shift键即可。如果想恢复标尺的原点，在标尺左上角交叉处双击鼠标左键即可。

技 巧

将鼠标指针指向标尺处，按住鼠标左键向工作区内水平或垂直拖曳，在目的地释放鼠标按键后，在工作区内将会显示参考线；选择 ▶ （移动工具），当鼠标指针指向参考线时，按住鼠标左键便可移动参考线在工作区内的位置；将参考线拖曳到标尺处即可删除参考线。

STEP 7 在工具箱中单击"切换前景色与背景色"按钮⤵，将前景色设置为白色，背景色设置为黑色，如图1-22所示。

STEP 8 使用 T（横排文字工具），设置合适的文字大小和文字字体后，在页面上输入白色字母 Flower，如图1-23所示。

STEP 9 执行菜单"视图/清除参考线"命令，清除参考线。在"图层"面板中拖曳"Flower"文字图层到"创建新图层"按钮 ⤵ 上，得到"Flower副本"图层，如图1-24所示。

◀ 图1-22　切换前景色与背景色　　　　◀ 图1-23　输入文字　　　　◀ 图1-24　复制图层

STEP10 将"Flower副本"图层中的文字颜色设置为"黑色"，并使用 ⊞（移动工具）将其移动到相应的位置，如图1-25所示。

STEP11 在"图层"面板中选择"背景"图层，执行菜单"图像/调整/色相/饱和度"命令，弹出"色相/饱和度"对话框，设置"色相"为-74、"饱和度"为0、"明度"为0，如图1-26所示。

STEP12 设置完毕后单击"确定"按钮，完成本例的最终效果制作，如图1-27所示。

◀ 图1-25　移动　　　　◀ 图1-26　"色相/饱和度"对话框　　　　◀ 图1-27　最终效果

实例4　设置暂存盘和使用内存　Q　➡

实例　目的

使软件的运行速度更快。

实例　重点

★　设置软件的暂存盘；
★　设置软件的内存。

扫一扫

微课视频

实例　步骤

STEP 1 执行菜单"编辑/首选项/性能"命令，弹出"首选项"对话框，设置暂存盘1为D:\，2为E:\，3为F:\，如图1-28所示。

STEP 2 设置完毕后单击"确定"按钮，暂存盘即可应用。

技 巧

第一盘符最好设置为软件的安装位置盘，其他的可以按照自己硬盘的大小设置预设盘符。

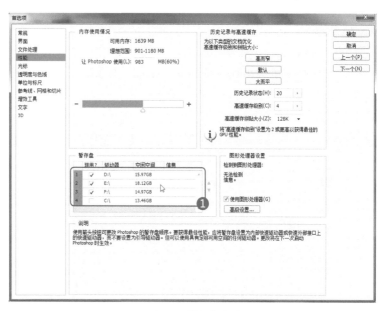

■ 图1-28　性能首选项 1

STEP 3 执行菜单"编辑/首选项/性能"命令，弹出"首选项"对话框，设置"高速缓存级别"为6，Photoshop占用的最大内存为60%，如图1-29所示。

STEP 4 设置完毕后单击"确定"按钮，在下一次启动该软件时更改即可生效。

■ 图1-29　性能首选项 2

实例5　设置显示颜色

实例 目的

应用最接近自己需要的显示颜色。

实例 重点

★ 不同工作环境下的不同颜色设置。

扫一扫

微课视频

实例 步骤

STEP 1 执行菜单"编辑/颜色设置"命令，弹出"颜色设置"对话框。选择不同的色彩配置，在下边的说明框中则会出现详细的文字说明，如图1-30所示。按照不同的提示，可以自行进行颜色设置。由于每个人使用Photoshop处理的工作不同，计算机的配置也不同，这里将其设置为最普通的模式。

STEP 2 设置完毕后单击"确定"按钮，便可使用自己设置的颜色进行工作了。

图1-30　"颜色设置"对话框

技 巧

"颜色设置"命令可以保证用户建立的Photoshop CS6文件有稳定而精确的色彩输出。该命令还提供了将RGB（红、绿、蓝）标准的计算机彩色显示器显示模式向CMYK（青色、洋红、黄色、黑色）的转换设置。

实例6　改变画布大小

实例 目的

通过制作如图1-31所示的效果图，学习如何改变画布大小。

图1-31　效果图

实例 重点

★ "打开"命令的使用；
★ "画布大小"命令的使用。

扫一扫

微课视频

实例 步骤

STEP 1 执行菜单"文件/打开"命令，打开附赠资源中的"素材文件/第1章/天使"素材，如图1-32所示。

STEP 2 执行菜单"图像/画布大小"命令，打开"画布大小"对话框，勾选"相对"复选框，设置"宽度"和"高度"都为0.5厘米，如图1-33所示。

STEP 3 单击"画布扩展颜色"后面的色块，弹出"拾色器"对话框，设置颜色为RGB（94、94、94），如图1-34所示。

图1-32　素材

图1-33　"画布大小"对话框

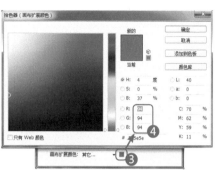

图1-34　设置扩展颜色

STEP 4 设置完毕后单击"确定"按钮，返回"画布大小"对话框，再单击"确定"按钮，完成画布大小的修改，至此本例制作完成，效果如图1-35所示。

图1-35　最终效果

实例7　改变照片分辨率

实例　目的

了解在"图像大小"对话框中改变图像分辨率的方法，如图1-36所示。

图1-36　效果对比

实例　重点

★　设置"图像大小"对话框。

扫一扫

微课视频

实例 **步骤**

STEP 1 打开附赠资源中的"素材文件/第1章/老人照片"素材，将其作为背景，如图1-37所示。

STEP 2 执行菜单"图像/图像大小"命令，打开"图像大小"对话框，将"分辨率"设置为300像素/英寸，如图1-38所示。

图1-37　素材

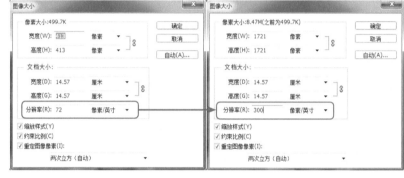

图1-38　"图像大小"对话框

其中的各项含义如下。

★ 像素大小：用来设置图像像素的大小，在对话框中可以重新定义图像像素的"宽度"和"高度"，单位包括像素和百分比。更改像素尺寸不仅会影响屏幕上显示图像的大小，还会影响图像品质、打印尺寸和分辨率。

★ 文档大小：用来设置图像的打印尺寸和分辨率。

★ 缩放样式：在调整图像大小的同时可以按照比例缩放图层中存在的图层样式。

★ 约束比例：对图像的长宽可以进行等比例调整。

★ 重定图像像素：在调整图像大小的过程中，系统会将原图的像素颜色按一定的内插方式重新分配给新像素。在下拉列表中可以选择进行内插的方法，包括邻近、两次线性、两次立方、两次立方较平滑和两次立方较锐利。

邻近：不精确的内插方式，以直接舍弃或复制邻近像素的方法来增加或减少像素，此运算方式最快，会产生锯齿效果。

两次线性：取上下左右4个像素的平均值来增加或减少像素，品质介于邻近和两次立方之间。

两次立方：取周围8个像素的加权平均值来增加或减少像素，由于参与运算的像素较多，运算速度较慢，但是色彩的连续性最好。

两次立方较平滑：运算方法与两次立方相同，但是色彩连续性会增强，适合增加像素时使用。

两次立方较锐利：运算方法与两次立方相同，但是色彩连续性会降低，适合减少像素时使用。

注　意

在调整图像大小时，位图图像与矢量图像会产生不同的结果：位图图像与分辨率有关，因此在更改位图图像的像素尺寸可能导致图像品质和锐化程度损失；相反，矢量图像与分辨率无关，可以随意调整其大小而不会影响边缘的平滑度。

技 巧

在"图像大小"对话框中，更改"像素大小"时，"文档大小"会跟随改变，"分辨率"不发生变化；更改"文档大小"时，"像素大小"会跟随改变，"分辨率"不发生变化；更改"分辨率"时，"像素大小"会跟随改变，"文档大小"不发生变化。

技 巧

像素大小、文档大小和分辨率三者之间的关系可用如下的公式来表示：
像素大小/分辨率＝文档大小

技 巧

如果想把之前的小图像变大，最好不要直接调整为最终大小，这样会将图像的细节大量丢失，我们可以把小图像一点一点地往大调整，这样可以将图像的细节少丢失一点。

STEP 3 设置完毕后单击"确定"按钮，效果如图1-39所示。

◁ 图1-39　分辨率调整为300

实例8　了解位图、双色调颜色模式

实例 目的

了解如何将RGB模式的图像转换成位图与双色调颜色模式。

实例 重点

★　打开素材；
★　转换RGB模式为灰度模式；
★　转换灰度模式为位图；
★　转换灰度模式为双色调颜色模式。

扫一扫

微课视频

实例 步骤

STEP 1 打开附赠资源中的"素材文件/第1章/菊花"素材，将其作为背景，如图1-40所示。

STEP 2 通常情况下RGB颜色模式是不能够直接转换成位图与双色调颜色模式的，必须先将RGB颜色模式转换成灰度模式。执行菜单"图像/模式/灰度"命令，弹出如图1-41所示的"信息"对话框。

◁ 图1-40　素材

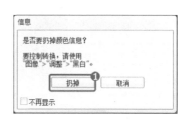

◁ 图1-41　"信息"对话框

STEP 3 单击"扔掉"按钮，将图像中的彩色信息消除，效果如图1-42所示。

STEP 4 执行菜单"图像/模式/位图"命令，此时会弹出如图1-43所示的"位图"对话框。

图1-42 变为黑白

图1-43 "位图"对话框

提 示

只有灰度模式才可以转换成位图模式。

STEP 5 选择不同的使用方法后，会出现相应的位图效果。

★ 50%阈值：将大于50%的灰度像素全部转化为黑色，将小于50%的灰度像素全部转化为白色，选择该选项会得到如图1-44所示的效果。

★ 图案仿色：此方法可以使用图形来处理灰度模式，选择该选项会得到如图1-45所示的效果。

★ 扩散仿色：将大于50%的灰度像素转换成黑色，将小于50%的灰度像素转换成白色。由于转换过程中的误差，会使图像出现颗粒状的纹理。选择该选项会得到如图1-46所示的效果。

图1-44 50%阈值

图1-45 图案仿色

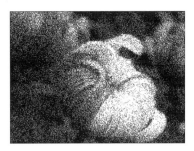

图1-46 扩散仿色

★ 半调网屏：选择此选项转换位图时会弹出如图1-47所示的对话框，在其中可以设置频率、角度和形状。选择该选项会得到如图1-48所示的效果。

★ 自定图案：可以选择自定义的图案作为处理位图的减色效果。选择该选项时，下面的"自定图案"选项会被激活，在其中选择相应的图案即可。选择该选项会得到如图1-49所示的效果。

图1-47 "半调网屏"对话框

图1-48 半调网屏

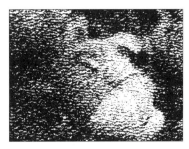

图1-49 自定图案

STEP 6 下面再看一看转换成双色调颜色模式后的效果。按Ctrl+Z键取消上一步操作，执行菜单

"图像/模式/双色调"命令，打开"双色调选项"对话框，在"类型"下拉列表中选择"三色调"选项，在"油墨"后面的颜色图标上单击，选择自己喜欢的颜色，如图1-50所示。

STEP 7　设置完毕后单击"确定"按钮，效果如图1-51所示。

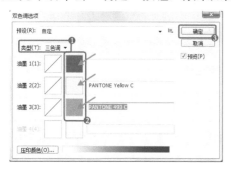

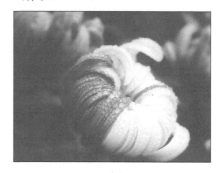

图1-50　"双色调选项"对话框　　　　　图1-51　三色调效果

实例9　了解RGB、CMYK颜色模式

实例　目的

了解RGB、CMYK颜色模式的作用和原理。

实例　重点

★　了解RGB颜色模式；
★　了解CMYK颜色模式。

扫一扫

微课视频

RGB颜色模式

Photoshop中RGB颜色模式使用RGB模型，并为每个像素分配一个强度值。在8位/通道的图像中，彩色图像中的每个RGB（红色、绿色、蓝色）分量的强度值范围为0（黑色）～255（白色）。例如，亮红色的R值可能为246，G值为20，而B值为50。当所有这3个分量的值相等时，结果是中性灰度级；当所有分量的值均为255时，结果是纯白色；当所有分量的值都为0时，结果是纯黑色。

RGB图像使用3种颜色或通道在屏幕上重现颜色。在8位/通道的图像中，这3个通道将每个像素转换为24（8位×3通道）位颜色信息；对于24位图像，这3个通道最多可以重现1 670万种颜色/像素；对于48位（16位/通道）和96位（32位/通道）图像，每个像素可重现更多的颜色。新建的Photoshop图像的默认模式为RGB，计算机显示器使用RGB模型显示颜色。这意味着在使用非RGB颜色模式（如CMYK）时，Photoshop会将CMYK图像插值处理为RGB，以便在屏幕上显示。

尽管RGB是标准颜色模型，但是所表示的实际颜色范围仍因应用程序或显示设备而异。Photoshop中的RGB颜色模式会根据"颜色设置"对话框中指定的工作空间的设置而不同。

当彩色图像中的RGB（红色、绿色、蓝色）3种颜色中的两种颜色叠加到一起后，会自动显示出其他的颜色，3种颜色叠加后会产生纯白色，如图1-52所示。

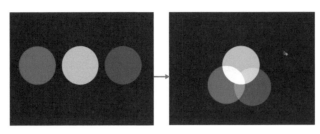

◀ 图1-52　RGB颜色模式

CMYK颜色模式 ▶

在CMYK模式下，可以为每个像素的每种印刷油墨指定一个百分比值。为最亮（高光）颜色指定的印刷油墨颜色百分比较低，而为较暗（阴影）颜色指定的百分比较高。例如，亮红色可能包含2%青色、93%洋红、90%黄色和0%黑色。在CMYK图像中，当4种分量的值均为0%时，就会产生纯白色。

在制作要用印刷色打印的图像时，应使用CMYK模式。将RGB图像转换为CMYK图像会产生分色。从处理RGB图像开始，最好先在RGB模式下编辑，然后在处理结束后转换为CMYK。在RGB模式下，可以使用"校样设置"命令模拟CMYK转换后的效果，而无需真正更改图像数据，也可以使用CMYK模式直接处理从高端系统扫描或导入的CMYK图像。

尽管CMYK是标准颜色模型，但是其准确的颜色范围随印刷和打印条件而变化。Photoshop中的CMYK颜色模式会根据"颜色设置"对话框中指定的工作空间的设置而不同。

在图像中绘制三个分别为CMYK黄、CMYK青和CMYK洋红的圆形，将两种颜色叠加到一起时会产生另外一种颜色，三种颜色叠加在一起就会显示出黑色，但是此时的黑色不是正黑色，所以在印刷时还要添加一个黑色作为配色，如图1-53所示。

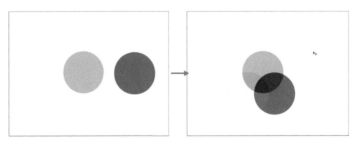

◀ 图1-53　CMYK颜色模式

▎ 实例10　位图、像素以及矢量图 　Q

实例 ▶ 目的

了解图像处理中涉及的位图与矢量图的概念。

实例 ▶ 重点

★　什么是位图；　　★　什么是像素；　　★　什么是矢量图。

扫一扫

微课视频

什么是位图

　　位图图像也叫作点阵图，是由许多不同色彩的像素组成的。与矢量图形相比，位图图像可以更逼真地表现自然界的景物。此外，位图图像与分辨率有关，当放大位图图像时，位图中的像素增加，图像的线条将会显得参差不齐，这是像素被重新分配到网格中的缘故。此时可以看到构成位图图像的无数个单色块，因此放大位图或在比图像本身的分辨率低的输出设备上显示位图时，将丢失其中的细节，并会呈现出锯齿，如图1-54所示。

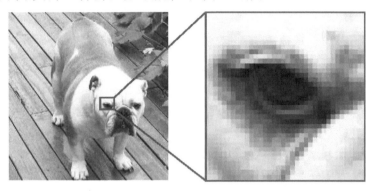

◀ 图1-54　位图放大后的效果

什么是像素

　　像素（Pixel）是用来计算数码影像的一种单位。数码影像也具有连续性的浓淡色调，我们若把影像放大数倍，会发现这些连续色调其实是由许多色彩相近的小方点所组成的，这些小方点就是构成影像的最小单位——像素（Pixel）。

什么是矢量图

　　矢量图像是使用数学方式描述的曲线，以及由曲线围成的色块组成的面向对象的绘图图像。矢量图像中的图形元素叫作对象，每个对象都是独立的，具有各自的属性，如颜色、形状、轮廓、大小和位置等。由于矢量图形与分辨率无关，因此无论如何改变图形的大小，都不会影响图形的清晰度和平滑度，如图1-55所示。

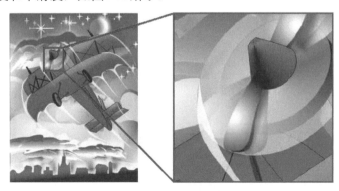

◀ 图1-55　矢量图放大后的效果

| 本章练习与小结   Q

练习

1. 新建空白文档，置入其他格式的图片。

2. 找一张照片，通过"画布大小"命令制作描边效果。

习题

1. 在Photoshop中打开素材的快捷键是 _____ 。

   A. Alt+Q   B. Ctrl+O   C. Shift+O   D. Tab+O

2. Photoshop中属性栏又称为 _____ 。

   A. 工具箱   B. 工作区   C. 选项栏   D. 状态栏

3. 画布大小的快捷键是 _____ 。

   A. Alt+Ctrl+C   B. Alt+Ctrl+R   C. Ctrl+V   D. Ctrl+X

4. 显示与隐藏标尺的快捷键是 _____ 。

   A. Alt+Ctrl+C   B. Ctrl+R   C. Ctrl+V   D. Ctrl+X

小结

    随着对软件的开启，我们必须要了解软件基础功能的具体操作，本章主要对软件界面、图像处理流程、辅助功能以及相应颜色模式进行讲解，为以后实质性的操作做一下铺垫。

第2章

Photoshop CS6

| 图像编修基础与调整

本章通过案例的方式在实践中讲解了使用Photoshop软件对图像进行基础编修与调整的操作，包括图像的旋转、翻转、裁切以及通过调整命令对图像进行颜色调整与曝光等，让大家学会使用Photoshop进行简单的图片处理。

|本章重点 ★

图像编辑的基本操作	阈值
制作2寸照片	通道混合器
色相/饱和度	曝光度
色阶与照片滤镜	匹配颜色
曲线与色彩平衡	
反相与色阶	
渐变映射	

| 实例11　图像编辑的基本操作 🔍

实例　目的 ✍

　　拍摄的照片在导入计算机中后，由于拍摄问题常常会遇到横幅与竖幅之间的转换或翻转等问题。本例的目的就是教大家如何解决此类问题，操作流程如图2-1所示。

◀ 图2-1　流程图

扫一扫

微课视频

实例　重点 ✍

　★　"旋转"命令的使用。

实例　步骤 ✍

STEP 1 ▶ 执行菜单"文件/打开"命令，打开附赠资源中的"素材文件/第2章/横躺照片"素材，如图2-2所示。

STEP 2 ▶ 执行菜单"图像/图像旋转/90度（逆时针）"命令，如图2-3所示。

STEP 3 ▶ 应用此命令后横幅的照片会变为竖幅效果，将其存储后再在计算机中打开会发现照片会永远以竖幅效果显示，如图2-4所示。

◀ 图2-2　素材

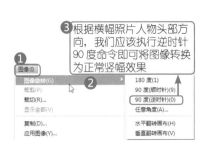

❸根据横幅照片人物头部方向，我们应该执行逆时针90度命令即可将图像转换为正常竖幅效果

◀ 图2-3　图像旋转菜单

◀ 图2-4　竖幅

技巧

　　在"图像旋转"子菜单中的"90度（顺时针）"和"90度（逆时针）"命令是常用转换竖幅与横幅的命令。

STEP 4 ▶ 执行菜单"图像/图像旋转/水平翻转画布或垂直翻转画布"命令，会将当前照片进行翻转处理，效果如图2-5所示。

STEP 5 在Photoshop中处理图像时难免会出现一些错误，或处理到一定程度时看不到原来效果作为参考，这时我们只要通过Photoshop中的"复制"命令就可以将当前选取的文件创建一个复制品作为参考，执行菜单"图像/复制"命令，打开如图2-6所示的对话框。

垂直翻转画布　原图　水平翻转画布

重命名处①　确定②

文档为多图层时
该选项会被激活

◀ 图2-5　翻转　　　　　　　　　　　　　　　◀ 图2-6　"复制图像"对话框

技 巧

执行菜单"编辑/变换/水平翻转或垂直翻转"命令，同样可以对图像进行水平或垂直翻转。此命令不能直接应用在"背景"图层中。

STEP 6 单击"确定"按钮后，系统会为当前文档新建一个副本文档，如图2-7所示。当为源文件更改色相时，副本不会受到影响，如图2-8所示，此时可以看到明显的对比效果。

调整色相后

◀ 图2-7　复制　　　　　　　　　　　　　　　◀ 图2-8　源文件更改色相效果

STEP 7 在使用Photoshop处理图像时，难免会出现错误。当错误出现后，如何还原是非常重要的一项操作，我们只要执行菜单"编辑/还原"命令或按Ctrl+Z键便可以向后返回一步；反复执行菜单"编辑/后退一步"命令或按Ctrl+Alt+Z键可以还原多次的错误操作。

STEP 8 在使用Photoshop处理图像时如果出现多处错误，想把图像恢复成原始效果，只要执行菜单"文件/恢复"命令，就可以将处理后的图像恢复成原始效果。

STEP 9 或许有人以为编修图像可以修复所有的图像问题，实际上并非如此，我们必须先有个观念是图像修复的程度取决于原图所记录的细节：细节越多，编修的效果越好；反之细节越少，或是根本没有将被摄物的细节记录下来，那么再强大的图像软件也很难无中生有变出你要的图像。因此，若希望编修出好相片，记住原图的质量不能太差。

实例12　制作2寸照片　Q

实例 **目的**

通过制作如图2-9所示的流程效果图，了解2寸照片的制作流程。

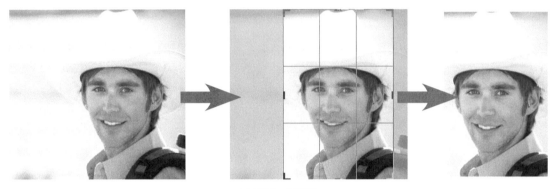

◀ 图2-9　流程图

实例 **重点**

★　"裁剪工具"的使用；
★　"描边"命令的使用。

扫一扫

微课视频

实例 **步骤**

STEP 1 ▶ 执行菜单"文件/打开"命令，打开附赠资源中的"素材文件/第2章/人像"素材，如图2-10所示。

STEP 2 ▶ 在工具箱中选择▣（裁剪工具）后，在属性栏中选择"裁剪图像大小和分辨率"，打开对话框后，设置"宽度"为3.5厘米、"高度"为5.3厘米、"分辨率"为150像素/英寸，如图2-11所示。

◀ 图2-10　素材

◀ 图2-11　"裁剪图像大小和分辨率"对话框

STEP 3 ▶ 此时在图像中会出现一个裁剪框，我们可以使用鼠标拖动裁剪框或移动图像的方法来选择最终保留的区域，如图2-12所示。

STEP 4 按Enter键完成裁剪的操作，如图2-13所示。

图2-12　调整裁剪框　　　　图2-13　裁剪

STEP 5 执行菜单"编辑/描边"命令，打开"描边"对话框，参数设置如图2-14所示。

STEP 6 设置完毕后单击"确定"按钮，完成本例的制作，效果如图2-15所示。

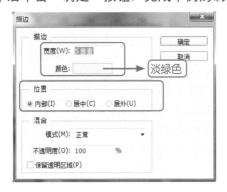

图2-14　"描边"对话框

图2-15　最终效果

实例13　色相/饱和度

实例 目的

通过制作如图2-16所示的流程效果图，了解"色相/饱和度"命令在实例中的应用。

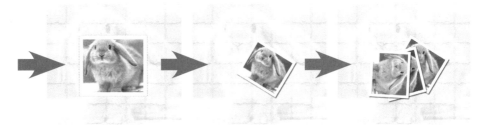

图2-16　流程图

实例 重点

★ 使用"新建"菜单命令新建文件；

★ 使用"马赛克拼贴"菜单命令制作图像的背景；

★ 使用"色相/饱和度"菜单命令改变图像的色相。

扫一扫

微课视频

实例 步骤

STEP 1 执行菜单"文件/新建"命令，打开"新建"对话框，参数设置如
图2-17所示。执行菜单"滤镜/滤镜库"命令，选择"纹理"中的"马赛克拼
贴"，在打开的"马赛克拼贴"对话框中，设置"拼贴大小"为89、"缝隙宽度"为8、"加亮
缝隙"为9，如图2-18所示。

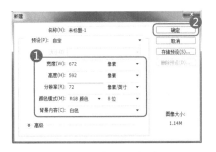

◁图2-17 "新建"对话框　　　　　　　　　　◁图2-18 "马赛克拼贴"对话框

STEP 2 单击"确定"按钮，图像效果如图2-19所示。

STEP 3 执行菜单"文件/打开"命令，打开附赠资源中的"素材/第2章/小兔子"素材，如图2-20
所示。

STEP 4 单击工具箱中的"移动工具"按钮 ，将素材图像拖动到刚刚制作的背景图像中，并为
新建的图层命名为"相片"，如图2-21所示。

◁图2-19 马赛克拼贴效果　　　　　◁图2-20 素材　　　　　◁图2-21 命名图层

STEP 5 拖动"相片"图层至"创建新图层"按钮 上，得到"相片 副本"图层，选择该图
层，执行菜单"编辑/变换/缩放"命令，调出变换框，拖动控制点将图像缩小，如图2-22所示。

STEP 6 在"图层"面板中设置"相片"图层的"不透明度"为30%，图像效果如图2-23所示。

STEP 7 选择"相片 副本"图层，执行菜单"选择/载入选区"命令，调出"相片 副本"图层的
选区，再执行菜单"编辑/描边"命令，打开"描边"对话框，设置如图2-24所示。

图2-22　复制并变换

图2-23　图像效果

图2-24　"描边"对话框

STEP 8 设置完毕后单击"确定"按钮，效果如图2-25所示。

STEP 9 按Ctrl+D键取消选区，执行菜单"图像/调整/色相/饱和度"命令，打开"色相/饱和度"对话框，设置如图2-26所示。

STEP10 设置完毕后单击"确定"按钮，效果如图2-27所示。

图2-25　描边效果

图2-26　"色相/饱和度"对话框

图2-27　图像效果

STEP11 按Ctrl+T键调出变换框，按住Shift键拖动控制点将图像等比例缩小，再对其进行适当旋转并移动到相应的位置，然后执行菜单"图层/图层样式/投影"命令，打开"图层样式"对话框，设置如图2-28所示。

STEP12 设置完毕后单击"确定"按钮，效果如图2-29所示。

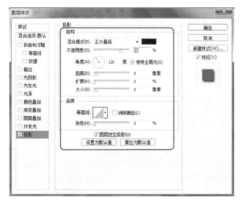

图2-28　设置"投影"样式

图2-29　图像效果

STEP13 拖动"相片 副本"图层至"创建新图层"按钮 □ 上，得到"相片 副本2"图层，按

Ctrl+T键调出变换框，拖动控制点对图像进行适当旋转并移动到相应的位置，然后再执行菜单"图像/调整/色相/饱和度"命令，打开"色相/饱和度"对话框，设置如图2-30所示。

STEP14 设置完毕后单击"确定"按钮，效果如图2-31所示。

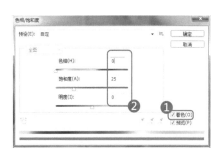

图2-30　"色相/饱和度"对话框

图2-31　图像效果

STEP15 在"图层"面板中拖动"相片 副本2"图层至"创建新图层"按钮 ▲ 上，得到"相片 副本3"图层，按Ctrl+T键调出变换框，拖动控制点对图像进行适当旋转并移动到相应的位置，然后再执行菜单"图像/调整/色相/饱和度"命令，打开"色相/饱和度"对话框，设置如图2-32所示。

STEP16 单击"确定"按钮，适当调整图像的位置，保存本文件。至此本例制作完毕，效果如图2-33所示。

图2-32　"色相/饱和度"对话框

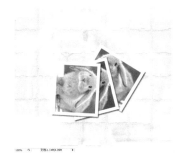

图2-33　最终效果

实例14　色阶与照片滤镜

实例　目的

通过制作如图2-34所示的流程效果图，了解"色阶"与"照片滤镜"命令在本例中的应用。

图2-34　流程图

扫一扫

微课视频

实例 重点

★ 打开素材；

★ 使用"色阶"命令调整图像亮度；

★ 使用"照片滤镜"命令调整图片的色调。

实例 步骤

STEP 1 打开附赠资源中的"素材/第2章/素材-人物"素材，如图2-35所示。

STEP 2 执行菜单"图像/调整/色阶"命令，打开"色阶"对话框，设置如图2-36所示。

STEP 3 设置完毕后单击"确定"按钮，效果如图2-37所示。

◀ 图2-35 素材

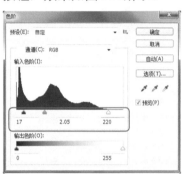
◀ 图2-36 "色阶"对话框

◀ 图2-37 调整色阶效果

STEP 4 执行菜单"图像/调整/照片滤镜"命令，打开"照片滤镜"对话框，设置"滤镜"为"深褐"、"浓度"为25%，如图2-38所示。

STEP 5 设置完毕后单击"确定"按钮，保存本文件。至此本例制作完毕，效果如图2-39所示。

◀ 图2-38 "照片滤镜"对话框

◀ 图2-39 最终效果

实例15 曲线与色彩平衡

实例 目的

通过制作如图2-40所示的流程效果图，了解"曲线"与"色彩平衡"命令在本例中的应用。

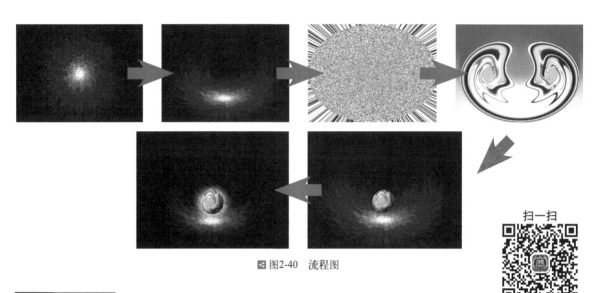

■ 图2-40　流程图

扫一扫

微课视频

实例　重点

★ 使用"镜头光晕""凸出"和"极坐标"滤镜制作背景；

★ 使用"添加杂色"和"极坐标"滤镜制作图像；

★ 调整图像效果并添加图层样式；

★ 使用"曲线"命令调整图像；

★ 使用"色彩平衡"命令调整图像。

实例　步骤

STEP 1　执行菜单"文件/新建"命令，打开"新建"对话框，参数设置如图2-41所示。

STEP 2　英文状态下按D键，恢复前景色与背景色，按Alt+Delete键为画布填充前景色，如图2-42所示。

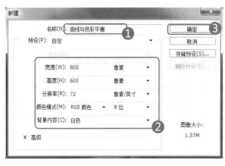

■ 图2-41　"新建"对话框

■ 图2-42　填充颜色

STEP 3　执行菜单"滤镜/渲染/镜头光晕"命令，打开"镜头光晕"对话框，参数设置如图2-43所示。

STEP 4　设置完毕后单击"确定"按钮，效果如图2-44所示。

STEP 5　执行菜单"滤镜/风格化/凸出"命令，打开"凸出"对话框，参数设置如图2-45所示。

图2-43　"镜头光晕"对话框

图2-44　镜头光晕效果

图2-45　"凸出"对话框

STEP 6 设置完毕后单击"确定"按钮，效果如图2-46所示。

STEP 7 执行菜单"滤镜/扭曲/极坐标"命令，打开"极坐标"对话框，选中"平面坐标到极坐标"单选按钮，如图2-47所示。

图2-46　凸出效果

图2-47　"极坐标"对话框

STEP 8 设置完毕后单击"确定"按钮，效果如图2-48所示。

STEP 9 单击"创建新图层"按钮 ，新建"图层1"图层，将"图层1"图层填充为白色，执行菜单"滤镜/杂色/添加杂色"命令，打开"添加杂色"对话框，设置如图2-49所示。

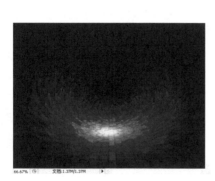

图2-48　极坐标效果

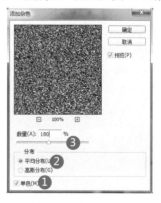

图2-49　"添加杂色"对话框

STEP10 设置完毕后单击"确定"按钮，效果如图2-50所示。

STEP11▶ 执行菜单"滤镜/扭曲/极坐标"命令，打开"极坐标"对话框，选中"平面坐标到极坐标"单选按钮，如图2-51所示。

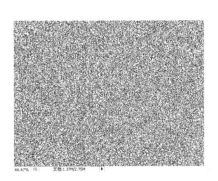
◀ 图2-50 添加杂色效果

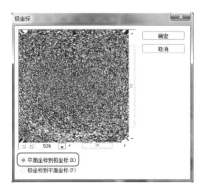
◀ 图2-51 "极坐标"对话框

STEP12▶ 设置完毕后单击"确定"按钮，效果如图2-52所示。

STEP13▶ 多次按Ctrl+F键，重复执行"极坐标"滤镜，图像效果如图2-53所示。

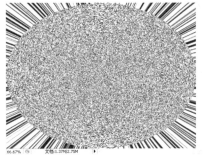
◀ 图2-52 极坐标效果

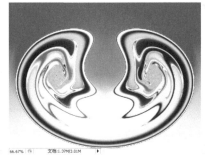
◀ 图2-53 多次极坐标效果

技 巧

在使用"极坐标"滤镜时，需要多配合"历史记录"面板，才能达到满意的效果。

STEP14▶ 使用工具箱中的◎（椭圆选框工具），在画布上绘制圆形选区，执行菜单"选择/反选"命令，反向选择选区，按Delete键将选区中的图像删除，如图2-54所示。

STEP15▶ 按Ctrl+D键取消选区，将图像调整到合适的大小和位置，如图2-55所示。

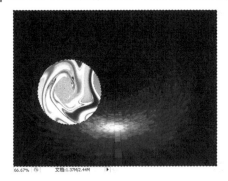
◀ 图2-54 删除选区内的图像

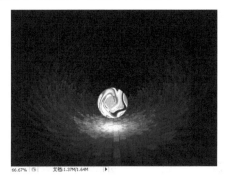
◀ 图2-55 去掉选区

STEP16▶ 拖动"图层1"图层至"创建新图层"按钮 ◢ 上，复制"图层1"图层得到"图层1 副本"图层，更改"图层1 副本"图层名称为"阴影"，并按住Ctrl键，单击"阴影"图层缩览图，调出该图层选区并填充为黑色，如图2-56所示。

STEP17 将选区向左上方移动，执行菜单"选择/修改/羽化"命令，打开"羽化选区"对话框，设置"羽化半径"值为15，如图2-57所示。

◀ 图2-56 填充　　　　　　　　◀ 图2-57 "羽化选区"对话框

STEP18 设置完毕后单击"确定"按钮，效果如图2-58所示。

STEP19 按Delete键将选区中的图像删除，并按Ctrl+D键取消选区，效果如图2-59所示。

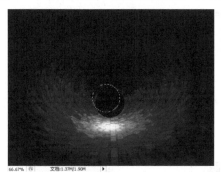

◀ 图2-58 羽化选区　　　　　　◀ 图2-59 删除选区内容并取消选区

STEP20 复制"图层1"图层，并将其名称修改为"高光"，将"高光"图层拖动到"阴影"图层上方，调出该图层的选区并填充为白色，设置该图层的"不透明度"为50%，如图2-60所示。

STEP21 单击"图层"面板上的"添加图层蒙版"按钮 ⬚，为"高光"图层添加图层蒙版，使用工具箱中的 ⬚（渐变工具），设置一个由白色到黑色的渐变，在图层蒙版上按住鼠标左键由左上到右下拖动填充渐变，图像效果如图2-61所示。

◀ 图2-60 设置不透明度　　　　◀ 图2-61 添加渐变蒙版

STEP22 选中"图层1"图层，执行菜单"图层/图层样式/外发光"命令，打开"图层样式"对话框，设置颜色为RGB（225、155、23），参数设置如图2-62所示。

STEP23 设置完毕后单击"确定"按钮，效果如图2-63所示。

◀ 图2-62　设置"外发光"样式　　　　　　　　　◀ 图2-63　添加外发光

STEP24 复制"图层1"图层，并将复制得到的图层名称修改为"外发光"，在"图层"面板中设置"填充"为0%，在"图层"面板上新建图层并与"外发光"图层合并，将相应的图层隐藏，图像效果如图2-64所示。

STEP25 执行菜单"滤镜/扭曲/波纹"命令，打开"波纹"对话框，参数设置如图2-65所示。

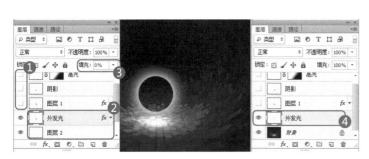

◀ 图2-64　设置填充不透明度并合并　　　　　　◀ 图2-65　"波纹"对话框

STEP26 设置完毕后单击"确定"按钮，按Ctrl+F键数次，设置"不透明度"为60%，效果如图2-66所示。

STEP27 显示所有图层，选中"图层1"图层，单击"图层"面板上的"创建新的填充或调整图层"按钮 ◎,，在弹出的菜单中选择"色彩平衡"选项，此时打开"色彩平衡"属性面板，参数设置如图2-67所示。

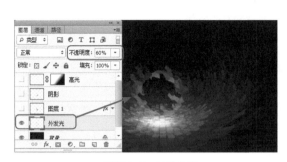

图2-66 波纹效果

图2-67 色彩平衡调整

STEP28 调整后的效果如图2-68所示。

STEP29 选中"高光"图层,单击"图层"面板上的"创建新的填充或调整图层"按钮 ●.,在弹出的菜单中选择"可选颜色"选项,此时打开"可选颜色"属性面板,参数设置如图2-69所示。

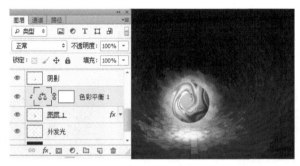

图2-68 调整效果

图2-69 可选颜色调整

STEP30 调整后的效果如图2-70所示。

STEP31 单击"图层"面板上的"创建新的填充或调整图层"按钮 ●.,在弹出菜单中选择"色彩平衡"选项,打开"色彩平衡"属性面板,选择"阴影"选项,设置参数;选择"中间调"选项,设置参数如图2-71所示。

图2-70 调整效果

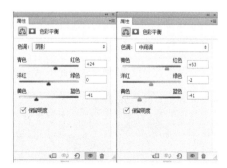

图2-71 色彩平衡调整

STEP32 调整后的效果如图2-72所示。

STEP33 单击"图层"面板上的"创建新的填充或调整图层"按钮 ●.,在弹出菜单中选择"亮度/对比度"选项,打开"亮度/对比度"属性面板,参数设置如图2-73所示。

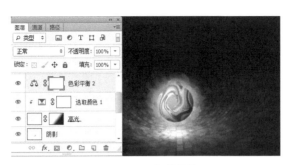

◀ 图2-72 调整效果   ◀ 图2-73 亮度/对比度调整

STEP34 调整后的效果如图2-74所示。

STEP35 单击"图层"面板上的"创建新的填充或调整图层"按钮 ◑，，在弹出的菜单中选择"曲线"选项，打开"曲线"属性面板，参数设置如图2-75所示。

STEP36 调整后，保存本文件。至此本例制作完毕，效果如图2-76所示。

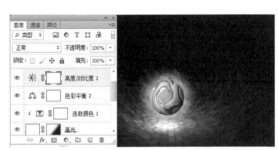

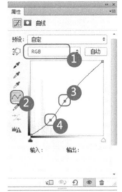

◀ 图2-74 调整效果   ◀ 图2-75 曲线调整   ◀ 图2-76 最终效果

实例16 反相与色阶 🔍

实例 目的

通过制作如图2-77所示的流程效果图，了解"反相"和"色阶"命令在实例中的应用。

◀ 图2-77 流程图

实例 ▸ 重点 🖾

★　使用"打开"菜单命令打开素材图像；
★　使用"反相"菜单命令和"叠加"模式设置图像亮度；
★　使用"色阶"菜单命令调整图像的亮度。

微课视频

实例 ▸ 步骤 🖾

STEP 1 ▸ 打开附赠资源中的"素材/第2章/夜景"素材，如图2-78所示。

STEP 2 ▸ 拖动"背景"图层至"创建新图层"按钮 ⤵ 上，复制"背景"图层得到"背景 副本"图层，如图2-79所示。

◀ 图2-78　素材

◀ 图2-79　复制图层

STEP 3 ▸ 选中"背景 副本"图层，执行菜单"图像/调整/反相"命令，将图像反相，在"图层"面板中设置"背景 副本"图层的"混合模式"为"叠加"，效果如图2-80所示。

STEP 4 ▸ 执行菜单"图像/调整/色阶"命令，打开"色阶"对话框，参数设置如图2-81所示。

STEP 5 ▸ 设置完毕后单击"确定"按钮，保存本文件。至此本例制作完毕，效果如图2-82所示。

◀ 图2-80　反相并设置混合模式

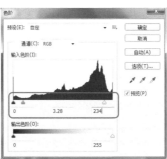

◀ 图2-81　"色阶"对话框

◀ 图2-82　最终效果

技 巧

在"色阶"对话框中，拖动滑点改变数值后，可以将较暗的图像变得亮一些。勾选"预览"复选框，可以在调整的同时看到图像的变化。

实例17　渐变映射　Q

实例　目的

　　通过制作如图2-83所示的流程效果图，了解"渐变映射"命令在实例中的应用。

◀图2-83　流程图

实例　重点

　　★　使用"打开"菜单命令打开素材图像；
　　★　使用"渐变映射"菜单命令；
　　★　使用"渐变映射"的颜色值。

扫一扫

微课视频

实例　步骤

STEP 1　打开附赠资源中的"素材/第2章/墙"素材，将其作为背景，如图2-84所示。

STEP 2　执行菜单"图像/调整/亮度/对比度"命令，打开"亮度/对比度"对话框，设置"亮度"为15、"对比度"为45，如图2-85所示。

STEP 3　设置完毕后单击"确定"按钮，效果如图2-86所示。

◀图2-84　素材　　　◀图2-85　"亮度/对比度"对话框　　　◀图2-86　调整效果

STEP 4　执行菜单"图像/调整/渐变映射"命令，打开"渐变映射"对话框，单击"渐变映射"对话框中的"渐变预览条"，打开"编辑渐变器"对话框，如图2-87所示。

STEP 5　设置完毕后单击"确定"按钮，保存本文件。至此本例制作完毕，效果如图2-88所示。

■ 图2-87　"渐变映射"对话框

■ 图2-88　最终效果

技 巧

在"渐变映射"对话框中，勾选"仿色"复选框用于添加随机杂色以平滑渐变填充的外观并减少带宽效果，勾选"反向"复选框则可切换渐变相反的填充方向。

实例18　阈值

实例 ▶ 目的

通过制作如图2-89所示的效果图，了解"阈值"命令在实例中的应用。

■ 图2-89　效果图

实例 ▶ 重点

★ 使用"打开"菜单命令打开文件；

★ 使用"阈值"菜单命令制作图像效果；

★ 使用"混合模式"制作黑白效果。

扫一扫

微课视频

实例 ▶ 步骤

STEP 1 ▶ 打开附赠资源中的"素材/第2章/蓝天"素材，将其作为背景，如图2-90所示。

STEP 2 ▶ 拖动"背景"图层至"创建新图层"按钮 ⌐ 上，复制"背景"图层得到"背景 副本"图层，如图2-91所示。

STEP 3 ▶ 执行菜单"图像/调整/阈值"命令，打开"阈值"对话框，参数设置如图2-92所示。

■ 图2-90　素材

■ 图2-91　复制背景

■ 图2-92　"阈值"对话框

STEP 4 设置完毕后单击"确定"按钮，设置"混合模式"为"色相"，效果如图2-93所示。

STEP 5 保存本文件。至此本例制作完毕，效果如图2-94所示。

◀ 图2-93 应用阈值并设置混合模式　　◀ 图2-94 最终效果

实例19　通道混合器 🔍

➡

实例 目的

通过制作如图2-95所示的效果图，了解"通道混合器"命令在本例中的应用。

实例 重点

★ 使用"打开"菜单命令打开素材图像；

★ 复制图层并使用"通道混合器"菜单命令；

★ 设置图层的"混合模式"为"变亮"。

扫一扫

微课视频

◀ 图2-95 效果图

实例 步骤

STEP 1 打开附赠资源中的"素材文件/第2章/风景"素材，将其作为背景，如图2-96所示。

STEP 2 拖动"背景"图层至"创建新图层"按钮 ⌐ 上，复制背景图层得到"背景 副本"图层，如图2-97所示。

◀ 图2-96 素材　　◀ 图2-97 复制图层

技 巧

在"背景"图层中按Ctrl+J键可以快速复制一个图层副本，只是名称上会按图层顺序进行命名。

STEP 3 选中"背景 副本"图层，执行菜单"图像/调整/通道混合器"命令，打开"通道混合器"对话框，参数设置如图2-98所示。

STEP 4 单击"确定"按钮，完成"通道混合器"对话框的设置，图像效果如图2-99所示。

◀ 图2-98 "通道混合器"对话框

◀ 图2-99 通道混合器调整效果

技 巧

在"通道混合器"对话框中，如果先勾选"单色"复选框，再取消，则可以单独修改每个通道的混合，从而创建一种手绘色调外观。

STEP 5 设置"混合模式"为"变亮"，效果如图2-100所示。

STEP 6 保存本文件。至此本例制作完毕，效果如图2-101所示。

◀ 图2-100 混合模式

◀ 图2-101 最终效果

实例20 曝光度

实例 目的

通过制作如图2-102所示的流程效果图，了解"曝光度"命令在本例中的应用。

◀ 图2-102 流程图

实例 重点

★ 使用"打开"菜单命令打开文件；
★ 使用"羽化"菜单命令羽化选区；
★ 使用"曝光度"菜单命令调整图像。

扫一扫

微课视频

实例 步骤

STEP 1 打开附赠资源中的"素材文件/第2章/水波"素材，将其作为背景，如图2-103所示。

STEP 2 选择工具箱中的 (钢笔工具)，在画布上绘制路径，按键盘上的Ctrl+Enter键，将路径转换为选区，如图2-104所示。

◀ 图2-103 素材

◀ 图2-104 创建选区

STEP 3 执行菜单"选择/反向"命令，反向选择选区，执行菜单"选择/修改/羽化"命令，打开"羽化选区"对话框，设置"羽化半径"为2像素，如图2-105所示。

STEP 4 单击"确定"按钮，完成"羽化选区"对话框的设置。执行菜单"图像/调整/曝光度"命令，打开"曝光度"对话框，设置如图2-106所示。

◀ 图2-105 "羽化选区"对话框

◀ 图2-106 "曝光度"对话框

STEP 5 单击"确定"按钮，按Ctrl+D键取消选区，保存本文件。至此本例制作完毕，效果如图2-107所示。

◀ 图2-107 最终效果

实例21 匹配颜色 🔍

实例 目的

通过制作如图2-108所示的流程效果图，了解"匹配颜色"命令在实例中的应用。

◀ 图2-108 流程图

实例 重点

★ 使用"打开"菜单命令打开素材图像；

★ 使用"匹配颜色"菜单命令调整图像的颜色。

扫一扫

微课视频

实例 步骤

STEP 1 打开附赠资源中的"素材文件/第2章/冰1"素材，如图2-109所示。

STEP 2 打开附赠资源中的"素材文件/第2章/冰2"素材，如图2-110所示。

◀ 图2-109 素材1

◀ 图2-110 素材2

STEP 3 选中"冰 1"图像，执行菜单"图像/调整/匹配颜色"命令，打开"匹配颜色"对话框，设置如图2-111所示。

STEP 4 单击"确定"按钮，保存本文件。至此本例制作完毕，效果如图2-112所示。

图2-111　"匹配颜色"对话框

图2-112　最终效果

本章练习与小结　Q　→

练习

1. 通过"旋转"命令将图像在竖幅与横幅之间进行变换。
2. 通过"色相/饱和度"命令改变图像的色调。

习题

1. 下面哪个是打开"色阶"对话框的快捷键？（　　　）

　A. Ctrl+L　　　　　　　B. Ctrl+U　　　　　　　C. Ctrl+A　　　　　　　D. Shift+Ctrl+L

2. 下面哪个是打开"色相/饱和度"对话框的快捷键？（　　　）

　A. Ctrl+L　　　　　　　B. Ctrl+U　　　　　　　C. Ctrl+B　　　　　　　D. Shift+Ctrl+U

3. 下面哪几个功能可以调整色调？（　　　）

　A. 色相/饱和度　　　B. 亮度/对比度　　　C. 自然饱和度　　　D. 通道混合器

4. 可以得到底片效果的是哪个命令？（　　　）

　A. 色相/饱和度　　　B. 反相　　　　　　C. 去色　　　　　　D. 色彩平衡

小结

　　本章主要为大家介绍如何解决Photoshop编辑图像时遇到的图像旋转与翻转、编辑颜色和色调调整等方面的相关知识，让大家可以轻松玩转Photoshop图像校正。

第3章

Photoshop CS6

图像的选取与编辑

本章主要讲解Photoshop中最基本的选区操作，内容涉及创建选区的选框、套索、魔棒工具的使用方法，以及载入、存储和变换选区等内容。

本章重点

- 矩形选框工具与移动工具
- 椭圆选框工具
- 套索工具组
- 魔棒工具
- 快速选择工具
- 载入选区与存储选区
- 边界

- 变换选区
- 色彩范围

实例22 矩形选框工具与移动工具 🔍

实例 目的

通过制作如图3-1所示的流程效果图，了解"移动工具""矩形选框工具"和"水平翻转"菜单命令的应用。

◀ 图3-1 流程图

实例 重点

扫一扫

★ "打开"菜单命令的使用；

★ "移动工具"与"矩形选框工具"的使用；

★ "水平翻转"菜单命令的使用。

微课视频

实例 步骤

STEP 1 执行菜单"文件/打开"命令，打开附赠资源中的"素材文件/第3章/小动物"素材，如图3-2所示。

STEP 2 在工具箱中使用▢（矩形选框工具）在画面上按住鼠标左键向对角处绘制，松开鼠标按键后得到矩形选区，如图3-3所示。

◀ 图3-2 素材

◀ 图3-3 绘制选区

STEP 3 按Ctrl+C键复制图像，再按Ctrl+V键粘贴图像，在"图层"面板中出现"图层1"图层，如图3-4所示。

STEP 4 使用▸◂（移动工具），按住鼠标左键将"图层1"中的图像拖曳到页面的右侧，如图3-5所示。

STEP 5 执行菜单"编辑/变换/水平翻转"命令，将"图层1"中的图像水平翻转，至此本例制作完成，效果如图3-6所示。

图3-4　复制　　　　　　　图3-5　移动　　　　　　　图3-6　最终效果

实例23　椭圆选框工具

实例　目的

通过制作如图3-7所示的流程效果图，了解"椭圆选框工具"在本例中的应用。

图3-7　流程图

实例　重点

★　打开两个素材；
★　使用◯（椭圆选框工具）创建选区；
★　拖动选区内的图像到背景中；
★　变换移入的图像；
★　裁剪图像。

扫一扫
微课视频

实例　步骤

STEP 1　打开附赠资源中的"素材文件/第3章/桌面壁纸"素材，将其作为背景，如图3-8所示。

STEP 2　打开附赠资源中的"素材文件/第3章/跳跃"素材，如图3-9所示。

STEP 3　使用◯（椭圆选框工具），设置"羽化"值为30像素，在人物上创建椭圆选区，如图3-10所示。

图3-8　素材1　　　　　　图3-9　素材2　　　　　　图3-10　创建选区

STEP 4 在工具箱中选择 🔩（移动工具），拖动选区中的图像到"桌面壁纸"文件中，得到"图层1"，按Ctrl+T键调出变换框，拖动控制点，将图像缩小，如图3-11所示。

STEP 5 按Enter键确定，设置"混合模式"为"叠加"，效果如图3-12所示。

◀ 图3-11　变换图像　　　　　　　　　　　　　　　　◀ 图3-12　混合模式

STEP 6 再使用 🔲（裁剪工具）在图像中绘制裁剪框，如图3-13所示。

STEP 7 按Enter键确定，保存本文件。至此本例制作完毕，效果如图3-14所示。

◀ 图3-13　创建裁剪框　　　　　　　　　　　　　　　◀ 图3-14　最终效果

技巧

按住Shift键在原有选区上绘制选区时可以添加新选区；按住Alt键在原有选区上绘制选区时可以减去相交的部分；按住Alt+Shift键在原有选区上绘制选区时只留下相交的部分。

技巧

在使用"矩形选框工具"时，属性栏中的"消除锯齿"复选框将不能使用。在勾选该复选框的情况下，绘制的椭圆选区无锯齿现象，所以在选区中填充颜色或图案时，边缘具有很光滑的效果。

实例24　套索工具组　🔍

实例 目的 🗒

通过制作如图3-15所示的流程效果图，了解"多边形套索工具"和"磁性套索工具"的应用。

◀ 图3-15 流程图

实例 重点 ✎

★ "多边形套索工具"和"磁性套索
工具"的应用；

★ "移动工具"的应用；

★ "羽化"命令的使用；

★ "变换"命令的使用。

扫一扫

微课视频

实例 步骤 ✎

STEP 1 ▶ 执行菜单"文件/打开"命令，打开附赠资源中的"素材文件/第3章/水面"素材，如图3-16所示。

STEP 2 ▶ 执行菜单"文件/打开"命令，打开附赠资源中的"素材文件/第3章/水上运动"素材，如图3-17所示。

STEP 3 ▶ 使用工具箱中的☑（多边形套索工具），在属性栏中设置"羽化"值为2px，在"水上运动"素材图像上绘制选区，如图3-18所示。

◀ 图3-16 素材1

◀ 图3-17 素材2

◀ 图3-18 创建选区

STEP 4 ▶ 使用☩（移动工具），将选区内的图像拖曳到"水面"文档中，将新建的图层重命名为"滑板"，如图3-19所示。

STEP 5 ▶ 按Ctrl+T键调出变换框，拖曳控制点改变图像的大小并将其移动到相应的位置，如图3-20所示。

◀ 图3-19 移动并重命名

◀ 图3-20 变换

STEP 6 ▶ 按Enter键确认，在"图层"面板中将"滑板"图层隐藏，使用工具箱中的 ▣（磁性套索工具）沿白色海浪绘制选区，如图3-21所示。

图3-21 创建选区

技 巧

在英文输入法状态下按L键，可以选择"套索工具""多边形套索工具"或"磁性套索工具"；按Shift+L键可以在它们之间自由转换。

STEP 7 ▶ 在"滑板"图层前边方框处单击显示该图层并选择该图层，按Delete键删除选区内容，效果如图3-22所示。

STEP 8 ▶ 按Ctrl+D键去除选区，至此本例制作完毕，最终效果如图3-23所示。

图3-22 显示并编辑"滑板"图层

图3-23 最终效果

实例25 魔棒工具 🔍

实例 目的

通过制作如图3-24所示的效果图，了解"魔棒工具"在本例中的应用。

图3-24 效果图

扫一扫

微课视频

实例 重点

★ 打开素材；

★ 设置 ▣（魔棒工具）

属性；

★ 使用 ▣（魔棒工具）在背景上单击调出选区；

★ 设置前景色并填充前景色。

实例 步骤

STEP 1 ▶ 打开附赠资源中的"素材文件/第3章/相机"素材，将其作为背景，如图3-25所示。

STEP 2 ▶ 选择 ▣（魔棒工具），在属性栏中设置"容差"为32，勾选"连续"复选框，再使用 ▣（魔棒工具）在图像中的白色背景上单击调出选区，如图3-26所示。

图3-25 素材

图3-26 设置魔棒并调出选区

STEP 3 在工具箱中的前景色图标上单击鼠标左键,打开"拾色器(前景色)"对话框,设置颜色值为RGB(175、213、230),如图3-27所示。

STEP 4 设置完毕后单击"确定"按钮,按Alt+Delete键填充前景色,再按Ctrl+D键取消选区并保存本文件。至此本例制作完毕,最终效果如图3-28所示。

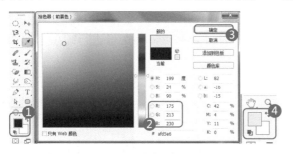

图3-27 设置前景色

图3-28 最终效果

实例26 快速选择工具

实例 目的

通过制作如图3-29所示的流程效果图,了解"快速选择工具"在本例中的应用。

图3-29 流程图

实例 重点

★ 打开素材;

★ 使用(快速选择工具)创建选区;

★ 应用复制与粘贴命令

扫一扫

微课视频

的快捷键;

★ 移入素材并对图像进行变换处理。

实例 步骤

STEP 1 打开附赠资源中的"素材文件/第3章/大楼"素材,如图3-30所示。

STEP 2 ▶ 选择☑（快速选择工具），在属性栏中单击☑（添加到选区）按钮，再使用☑（快速选择工具）在图像的楼体部位拖动创建选区，如图3-31所示。

STEP 3 ▶ 选区创建完毕后，按Ctrl+C键复制选区内容，再按Ctrl+V键粘贴复制的内容，在"图层"面板中会自动出现"图层1"，如图3-32所示。

◀ 图3-30 素材　　　　　◀ 图3-31 创建选区　　　　　◀ 图3-32 复制选区内容

STEP 4 ▶ 打开附赠资源中的"素材文件/第3章/蓝天白云"素材，如图3-33所示。

STEP 5 ▶ 使用☑（移动工具）拖动"蓝天白云"素材中的图像到"大楼"文件中，得到"图层2"，将其拖到"图层1"的下方，按Ctrl+T键调出变换框，拖动控制点，将图像进行缩小，如图3-34所示。

STEP 6 ▶ 按Enter键确定，保存本文件。至此本例制作完毕，效果如图3-35所示。

◀ 图3-33 白云素材　　　　◀ 图3-34 移动并变换　　　　◀ 图3-35 最终效果

实例27 载入选区与存储选区 🔍

实例 **目的**

本例通过制作立体文字，了解"载入选区"和"存储选区"命令的应用，如图3-36所示。

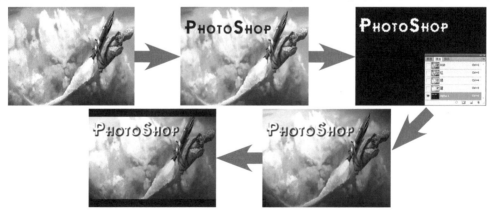

◀ 图3-36 流程图

实例 重点

★ "横排文字工具"的应用；　　　★ "高斯模糊"菜单命令的应用；

★ "载入选区"和"存储选区"的应用；　★ "光照效果"菜单命令的应用。

扫一扫

微课视频

实例 步骤

STEP 1 ▶ 执行菜单"文件/打开"命令或按Ctrl+O键，打开附赠资源中的"素材文件/第3章/飞"素材，如图3-37所示。

STEP 2 ▶ 使用 T （横排文字工具），设置合适的文字字体及文字大小后，在画布中单击输入文字，如图3-38所示。

STEP 3 ▶ 执行菜单"选择/载入选区"命令，打开"载入选区"对话框，参数设置如图3-39所示。

STEP 4 ▶ 设置完毕后单击"确定"按钮，选区被载入，效果如图3-40所示。

　◁图3-37　素材

　◁图3-38　输入文字

　◁图3-39　"载入选区"对话框

　◁图3-40　载入选区

技巧

在"载入选区"对话框中，如果被存储的选区多于一个时，"操作"选项组中的其他选项才会被激活。

STEP 5 ▶ 执行菜单"选择/存储选区"命令，打开"存储选区"对话框，参数设置如图3-41所示。

STEP 6 ▶ 设置完成后单击"确定"按钮，执行菜单"窗口/通道"命令，打开"通道"面板，选择新建的Alpha 1，效果如图3-42所示。

STEP 7 ▶ 按Ctrl+D键取消选区，执行菜单"滤镜/模糊/高斯模糊"命令，打开"高斯模糊"对话框，设置"半径"值为2像素，如图3-43所示。

STEP 8 ▶ 设置完成后单击"确定"按钮，执行菜单"窗口/图层"命令，打开"图层"面板，隐藏"文字"图层，选择"背景"图层，如图3-44所示。

　◁图3-41　"存储选区"对话框

　◁图3-42　通道

　◁图3-43　"高斯模糊"对话框

　◁图3-44　选择图层

STEP 9 执行菜单"滤镜/渲染/光照效果"命令，打开"光照效果"属性面板，其中的参数设置如图3-45所示。

图3-45 "光照效果"属性面板

STEP10 设置完成后单击"确定"按钮，效果如图3-46所示。

STEP11 使用▣（矩形选框工具）在画布中绘制两个矩形选区，并填充为"黑色"，按Ctrl+D键取消选区，本例的最终效果如图3-47所示。

图3-46 光照效果

图3-47 最终效果

技 巧

如果想让图像在应用"光照效果"菜单命令后能产生立体凸出的效果，切记在对话框中勾选"白色部分凸出"复选框。

实例28 边界 🔍

实例 **目的** 🖊️

本例通过制作边框了解"修改/边界"命令的应用，如图3-48所示。

图3-48 流程图

实例　重点 ✍

★　"打开"命令的使用；　　　★　"边界"命令调整选区。

★　"水彩画纸"对话框；

实例　步骤 ✍

微课视频

STEP 1 ▶ 执行菜单"文件/打开"命令，打开附赠资源中的"素材文件/第3章/小猫"素材，如图3-49所示。

STEP 2 ▶ 执行菜单"滤镜/滤镜库"命令，在对话框中选择"素描/水彩画纸"命令，打开"水彩画纸"对话框，其中的参数设置如图3-50所示。

◀ 图3-49　素材

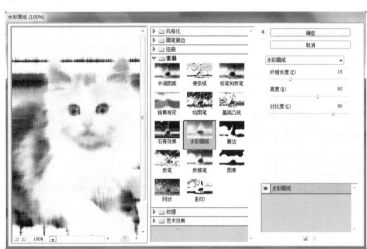

◀ 图3-50　"水彩画纸"对话框

STEP 3 ▶ 设置完成后单击"确定"按钮，效果如图3-51所示。

STEP 4 ▶ 新建一个图层并将其重命名为"边框"，使用▢（矩形选框工具）在画布上绘制一个矩形选区，如图3-52所示。

STEP 5 ▶ 执行菜单"选择/修改/边界"命令，打开"边界选区"对话框，设置"宽度"值为20像素，单击"确定"按钮，效果如图3-53所示。

◀ 图3-51　水彩画纸效果

◀ 图3-52　绘制选区

◀ 图3-53　设置边界

STEP 6 ▶ 在工具箱中设置"前景色"颜色值为RGB（0、0、0），按Alt+Delete键填充前景色，效果如图3-54所示。

STEP 7 按Ctrl+D键取消选区，执行菜单"图层/图层样式/斜面和浮雕"命令，打开"图层样式"对话框，其中的参数设置如图3-55所示。

STEP 8 设置完成后单击"确定"按钮，本例的最终效果如图3-56所示。

◀ 图3-54　填充选区　　　◀ 图3-55　设置"斜面和浮雕"样式　　　◀ 图3-56　最终效果

实例29　变换选区 🔍

实例 ▶ 目的 ✍

通过制作如图3-57所示的流程效果图，了解变换控制选区的应用。

◀ 图3-57　流程图

实例 ▶ 重点 ✍

★ "移动工具"的应用；
★ "混合模式"的使用；
★ "载入选区"命令与"变换选区"命令的应用；
★ "高斯模糊"命令的应用。

扫一扫

微课视频

实例 ▶ 步骤 ✍

STEP 1 执行菜单"文件/打开"命令或按Ctrl+O键，打开附赠资源中的"素材文件/第3章/马和背景桌面"素材，如图3-58和图3-59所示。

◀ 图3-58　素材1　　　　　　　　　　　　　　　　◀ 图3-59　素材2

STEP 2 使用工具箱中的 ▶️（移动工具），将"马"素材中的图像拖曳到"背景桌面"文档中，按Ctrl+T键调出变换框，改变图像的大小并将其移动到相应的位置，再将新建的图层重命名为"马"，如图3-60所示。

STEP 3 按Enter键确认，在"图层"面板中设置"混合模式"为"变暗"，效果如图3-61所示。

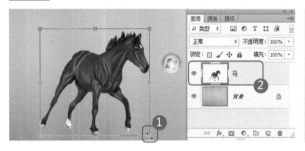

◀ 图3-60　移动　　　　　　　　　　　　　　　　◀ 图3-61　混合模式

STEP 4 执行菜单"选择/载入选区"命令，打开"载入选区"对话框，其中的参数设置如图3-62所示。

STEP 5 设置完成后单击"确定"按钮，"马"图层的选区被调出，在"图层"面板上单击"创建新图层"按钮 ⅃，新建一个图层并将其重命名为"投影"，如图3-63所示。

◀ 图3-62　"载入选区"对话框　　　　　　　　　　◀ 图3-63　调出选区

STEP 6 执行菜单"选择/变换选区"命令，调出"变换选区"变换框，按住Ctrl键拖曳控制点改变选区的形状，如图3-64所示。

STEP 7 按Enter键确认，按Alt+Delete键将选区填充默认的黑色，在"图层"面板中将"投影"图层拖曳到"马"图层的下方，如图3-65所示。

55

◀ 图3-64　变换选区　　　　　　　　　　　　◀ 图3-65　更改图层顺序

技 巧

使用"变换选区"变换框时，按住Alt键，同时按住鼠标左键拖曳选区的变换点，就可以随意变换选区。

STEP 8 按Ctrl+D键取消选区，执行菜单"滤镜/模糊/高斯模糊"命令，打开"高斯模糊"对话框，设置"半径"值为2像素，如图3-66所示。

STEP 9 设置完毕后单击"确定"按钮，并在"图层"面板上设置"不透明度"值为20%，效果如图3-67所示。

STEP10 至此本例制作完成，最终效果如图3-68所示。

◀ 图3-66　"高斯模糊"对话框　　　　◀ 图3-67　模糊后并设置不透明度　　　　◀ 图3-68　最终效果

实例30　色彩范围

实例 目的

通过制作如图3-69所示的效果图，了解"色彩范围"命令的应用。

实例 重点

★ "色彩范围"菜单命令在实例中的应用；

★ "图层"面板中的"创建新的填充或调整图层"。

扫一扫

微课视频

◀ 图3-69　效果图

实例 步骤

STEP 1 执行菜单"文件/打开"命令或按Ctrl+O键，打开附赠资源中的"素材文件/第3章/花"素材，如图3-70所示。

STEP 2 执行菜单"选择/色彩范围"命令，打开"色彩范围"对话框，在"选择"下拉列表中选择"取样颜色"，设置"颜色容差"值为200，选中"选择范围"单选按钮，使用"颜色选择器"在图像上选取作为选区的颜色，如图3-71所示。

图3-70 素材

图3-71 调整色彩范围

技 巧

在"色彩范围"对话框中，如果选中"图像"单选按钮，在对话框中就可以看到图像。

STEP 3 设置完成后单击"确定"按钮，调出选取的选区，如图3-72所示。

STEP 4 在"图层"面板中单击"创建新的填充或调整图层"按钮，在打开的下拉菜单中选择"图案"选项，如图3-73所示。

图3-72 调出选区

图3-73 "图层"面板

STEP 5 选择"图案"选项后，会打开"图案填充"对话框，选择合适的图案，设置"缩放"值为100%，如图3-74所示。

STEP 6 设置完成后单击"确定"按钮，至此本例制作完成，效果如图3-75所示。

◀ 图3-74　"图案填充"对话框

◀ 图3-75　最终效果

本章练习与小结

练习

使用快速选择工具创建图像的选区。

习题

1. 将选区进行反选的快捷键是哪个？（　　）

　A. Ctrl+A　　　　　B. Ctrl+Shift+I　　　　C. Alt+Ctrl+R　　　　D. Ctrl+ I

2. 调出"调整边缘"对话框的快捷键是哪个？（　　）

　A. Ctrl+U　　　　　B. Ctrl+Shift+I　　　　C. Alt+Ctrl+R　　　　D. Ctrl+E

3. 剪切的快捷键是哪个？（　　）

　A. Ctrl+A　　　　　B. Ctrl+C　　　　　　C. Ctrl+V　　　　　　D. Ctrl+X

4. 使用以下哪个命令可以选择现有选区或整个图像内指定的颜色或颜色子集？（　　）

　A. 色彩平衡　　　　B. 色彩范围　　　　　C. 可选颜色　　　　　D. 调整边缘

5. 使用以下哪个工具可以选择图像中颜色相似的区域？（　　）

　A. 移动工具　　　　B. 魔棒工具　　　　　C. 快速选择工具　　　D. 套索工具

小结

　　本章主要讲解Photoshop中各种选区创建工具的使用方法，如选框工具、套索工具、魔棒工具等，并介绍如何对选区进行各种操作，如载入、存储或变换选区等。

第4章

Photoshop CS6

绘图与修图

本章主要以实例的方式讲解绘图与修图工具的使用方法，从而可以更加容易地使用Photoshop进行自行绘图和修图。绘图指的是从无到有，修图指的是将图像按照个人意愿进行调整与校正。

本章重点

- 画笔工具
- 替换颜色画笔
- 混合器画笔工具
- 仿制图章工具
- 图案图章工具
- 历史记录画笔
- 修复画笔工具

- 污点修复画笔工具
- 修补工具
- 红眼工具
- 减淡工具
- 锐化工具
- 加深工具

实例31　画笔工具　🔍

实例 **目的** ✍️

通过制作如图4-1所示的流程效果图，了解"画笔工具"的应用。

◀ 图4-1　流程图

实例 **重点** ✍️

扫一扫

微课视频

✴　"打开"菜单命令的使用；　✴　创建新图层的应用；
✴　"画笔工具"的使用；　✴　"混合模式"中"正片叠底"的应用。

实例 **步骤** ✍️

STEP 1 ▶ 执行菜单"文件/打开"命令或按Ctrl+O键，打开附赠资源中的"素材文件/第4章/风景"素材，如图4-2所示。

STEP 2 ▶ 在工具箱中选择📷（画笔工具），在属性栏中单击"画笔选项"按钮，在打开的选项面板中选择笔尖为"散布枫叶"，如图4-3所示。

STEP 3 ▶ 在工具箱中设置前景色为"橙色"，在"图层"面板中单击"创建新图层"按钮 ◰ ，新建一个图层并将其命名为"枫叶"，如图4-4所示。

◀ 图4-2　素材

◀ 图4-3　画笔选项

◀ 图4-4　命名图层

STEP 4 ▶ 使用📷（画笔工具），设置不同的"笔尖大小"，并在页面中涂抹，效果如图4-5所示。

STEP 5 ▶ 在"图层"面板中设置"枫叶"图层的"混合模式"为"正片叠底"，如图4-6所示。

STEP 6 ▶ 至此本例制作完毕，效果如图4-7所示。

> **技 巧**
>
> 在英文输入法状态下按B键，可以选择"画笔工具""铅笔工具""颜色替换工具"和"混合器画笔工具"，按Shift+B键可以在它们之间进行切换。

图4-5　绘画

图4-6　混合模式

图4-7　最终效果

技 巧

在英文输入法状态下按键盘上的数字可以快速改变画笔的不透明度。1代表不透明度为10%，0代表不透明度为100%。按F5键，可以打开"画笔"面板。

实例32　替换颜色画笔

实例 ▶ 目的

通过制作如图4-8所示的改变树叶颜色的流程效果图来了解"替换颜色画笔"的应用。

图4-8　流程图

扫一扫

微课视频

实例 ▶ 重点

★　"颜色替换工具"的使用；　　★　设置"背景色"为替换颜色。

实例 ▶ 步骤

STEP 1　执行菜单"文件/打开"命令，打开附赠资源中的"素材文件/第4章/叶子"素材，如图4-9所示。

STEP 2　选择工具箱中的 （颜色替换工具），在属性栏上设置"模式"为"颜色"，单击"取样：背景色板"按钮 ，设置"限制"为"不连续"、"容差"值为59%，如图4-10所示。

图4-9　素材

图4-10　设置属性栏

STEP 3 在工具箱中设置"前景色"为红色，单击"背景色"图标，打开"拾色器（背景色）"对话框，使用"颜色选择器"单击树叶的绿色部位，如图4-11所示。

STEP 4 拾取该部分的颜色，"拾色器（背景色）"对话框如图4-12所示。

STEP 5 设置完毕后单击"确定"按钮，使用"颜色替换工具"在树叶的上半部分进行涂抹，将颜色改变成红色，如图4-13所示。

STEP 6 将整个树叶进行涂抹，完成本例的制作，效果如图4-14所示。

 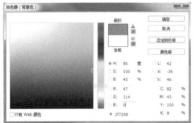  

◀ 图4-11　选取颜色　　◀ 图4-12　"拾色器（背景色）"对话框　　◀ 图4-13　替换颜色　　◀ 图4-14　最终效果

技 巧

在使用"颜色替换工具"替换颜色时，纯白色的图像不能进行颜色替换。

实例33　混合器画笔工具

实例　目的

通过制作如图4-15所示的效果图，了解"混合器画笔工具"在本例中的应用。

◀ 图4-15　效果图

扫一扫

微课视频

实例　重点

★　设置"混合器画笔工具"属性；　★　使用"混合器画笔工具"涂抹图像。

实例　步骤

STEP 1 打开附赠资源中的"素材文件/第4章/船"素材，将其作为背景，如图4-16所示。

STEP 2 选择（混合器画笔工具），在属性栏中单击"每次描边时载入画笔"和"每次描边时清除画笔"按钮，在"有用的混合画笔组合"下拉列表中选择"湿润，深混合"，其他参数采用默认值，如图4-17所示。

图4-16 素材   图4-17 设置属性

STEP 3 选择 (混合器画笔工具) 后，在"画笔选项"面板中选择"干画笔"笔尖，如图4-18所示。

STEP 4 新建"图层1"，在属性栏中勾选"对所有图层取样"复选框，如图4-19所示。

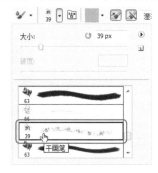 

图4-18 选择画笔   图4-19 新建图层

STEP 5 使用 (混合器画笔工具) 在图像中进行涂抹（涂抹时尽量调整画笔大小），效果如图4-20所示。

STEP 6 再使用 (混合器画笔工具) 在整张画面中进行涂抹，至此本例制作完成，效果如图4-21所示。

图4-20 涂抹   图4-21 最终效果

实例34 仿制图章工具

实例 目的

通过制作如图4-22所示的卡通动物流程效果图来了解"仿制图章工具"的应用。

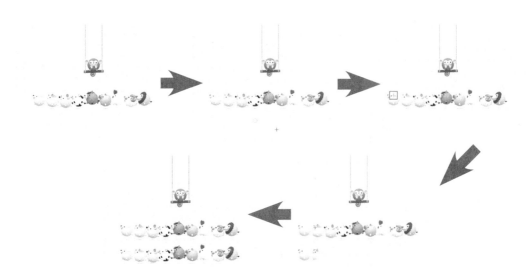

◀ 图4-22　流程图

扫一扫

微课视频

实例 **重点**

★　设置"仿制图章工具"的属性栏；　★　使用"仿制图章工具"修改图像。

实例 **步骤**

STEP 1 ▶ 执行菜单"文件/打开"命令或按Ctrl+O键，打开附赠资源中的"素材文件/第4章/卡通小动物"素材，如图4-23所示。

STEP 2 ▶ 选择工具箱中的 🗋（仿制图章工具），设置画笔"大小"为21像素、"硬度"为0%、"不透明度"为100%、"流量"为100%，勾选"对齐"复选框，如图4-24所示。

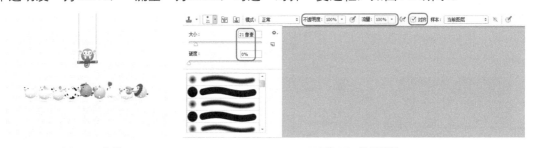

◀ 图4-23　素材　　　　　　　　　　　　　　　◀ 图4-24　设置属性

技 巧

在属性栏中勾选"对齐"复选框，只能修复一个固定的图像位置；反之，可以连续修复多个相同区域的图像。

技 巧

在属性栏中的"样本"下拉列表中选择"当前图层"选项，则只对当前图层取样；选择"所有图层"选项，可以在所有可见图层上取样；选择"当前和下方图层"选项，可以在当前和下方所有图层中取样，默认为"当前图层"选项。

STEP 3 按住Alt键，在图像相应的位置单击鼠标左键选取图章点，如图4-25所示。

STEP 4 松开Alt键，在图像上有文字的地方涂抹覆盖文字，如图4-26所示。

STEP 5 在整个文字上涂抹，将文字覆盖，效果如图4-27所示。

图4-25 取样 　　　　　　　图4-26 仿制 　　　　　　　图4-27 继续仿制

STEP 6 按住Alt键，在图像中卡通动物上单击鼠标左键选取图章点，如图4-28所示。

STEP 7 在图像空白处涂抹，将卡通动物覆盖在空白处，效果如图4-29所示。

STEP 8 上下对照将整个卡通动物图像覆盖到空白处，至此本例制作完成，效果如图4-30所示。

图4-28 取样 　　　　　　　图4-29 仿制 　　　　　　　图4-30 最终效果

实例35 图案图章工具

实例 目的

通过制作如图4-31所示的背景图案流程效果图来了解"图案图章工具"的应用。

图4-31 流程图

扫一扫

微课视频

实例 重点

★ "图案图章工具"的应用；

★ 自定义图案的使用。

实例 步骤

STEP 1 执行菜单"文件/打开"命令或按Ctrl+O键，打开附赠资源中的"素材文件/第4章/小图"素材，如图4-32所示。

STEP 2 执行菜单"文件/新建"命令或按Ctrl+N键，打开"新建"对话框，设置文件的"名称"为"图案"、"宽度"为"600像素"、"高度"为"600像素"、"分辨率"为"72像素/英寸"，在"颜色模式"中选择"RGB颜色"，选择"背景内容"为"白色"，如图4-33所示。

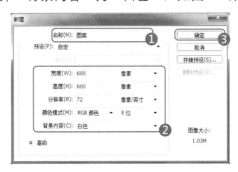

◄ 图4-32　素材　　　　　　　　　　　　　　　　◄ 图4-33　"新建"对话框

STEP 3 设置完毕后单击"确定"按钮，此时系统会新建一个白色背景的空白文件，转换到刚刚打开的素材文件中，使用工具箱中的▣（矩形选框工具），在页面中绘制矩形选区，如图4-34所示。

STEP 4 执行菜单"编辑/定义图案"命令，打开"图案名称"对话框，设置"名称"为"图案1"，如图4-35所示。

◄ 图4-34　绘制选区　　　　　　　　　　　　　　◄ 图4-35　"图案名称"对话框

STEP 5 设置完毕后单击"确定"按钮，转换到刚刚新建的"图案"文件中，单击工具箱中的"图案图章工具"按钮，在属性栏中设置如图4-36所示的参数。

◄ 图4-36　设置图案

技 巧

在属性栏中勾选"印象派效果"复选框后,可以使复制的图像效果类似于印象派艺术画效果。

STEP 6▶ 在"图案"文件的空白处按住鼠标左键拖曳,将图案覆盖到白色背景上,如图4-37所示。

STEP 7▶ 在整个背景中涂抹,完成图像最终效果的制作,如图4-38所示。

◀ 图4-37 复制图案　　　　　　◀ 图4-38 最终效果

实例36 历史记录画笔 Q ➡

实例 目的

通过制作如图4-39所示的流程效果图来了解"历史记录画笔工具"的应用。

◀ 图4-39 流程图

实例 重点

★ "图像/调整/去色"命令的使用;

★ 设置"历史记录画笔工具"的属性栏;

★ 使用"历史记录画笔工具"恢复颜色。

扫一扫

微课视频

实例 步骤

STEP 1▶ 执行菜单"文件/打开"命令或按Ctrl+O键,打开附赠资源中的"素材文件/第4章/插图"素材,如图4-40所示。

STEP 2▶ 执行菜单"图像/调整/去色"命令或按Shift+Ctrl+U键,将图像去色,效果如图4-41所示。

STEP 3▶ 选择工具箱中的 （历史记录画笔工具）,在属性栏上设置如图4-42所示的参数。

◀ 图4-40 素材

◀ 图4-41 去色

◀ 图4-42 设置属性

STEP 4 ▶ 在素材图像上人物的嘴部，使用 📝（历史记录画笔工具）进行涂抹，如图4-43所示。

STEP 5 ▶ 调整合适的笔尖大小，将整个嘴部涂抹，至此本例制作完成，效果如图4-44所示。

◀ 图4-43 涂抹嘴部

◀ 图4-44 最终效果

> **技 巧**
>
> 使用 📝（历史记录画笔工具）时，如果已经操作了多步，可以在"历史记录"面板中找到需要恢复的步骤，再使用"历史记录画笔工具"对这一步进行复原。

实例37 修复画笔工具 🔍

实例 ▶ 目的

通过制作如图4-45所示的流程效果图，了解"修复画笔工具"的应用。

◀ 图4-45 流程图

实例 ▶ 重点

★ 使用"打开"命令打开文件；

★ 使用"修复画笔工具"去除图像中人物的纹身。

扫一扫

微课视频

实例 ▶ 步骤

STEP 1 ▶ 执行菜单"文件/打开"命令，打开附赠资源中的"素材文件/第4章/纹身"素材，如图4-46

所示。

STEP 2 选择工具箱中的 ✏️（修复画笔工具），设置画笔"大小"为19像素、"硬度"为100%、"间距"为25%、"角度"为0°、"圆度"为100%、"模式"为"正常"，选中"取样"单选按钮，在页面相应的位置按住Alt键并单击鼠标左键选取取样点，如图4-47所示。

图4-46　素材

图4-47　取样

技 巧

在属性栏中选中"取样"单选按钮，在图像中必须按住Alt键才能采集样本；选中"图案"单选按钮，可以在右侧的下拉菜单中选择图案来修复图像。

STEP 3 选取取样点后松开Alt键，在图像中有纹身的地方涂抹覆盖纹身，效果如图4-48所示。

STEP 4 反复选取取样点后，将整个纹身去除，效果如图4-49所示。

STEP 5 整个纹身修复完成后，本例制作完成，效果如图4-50所示。

图4-48　修复

图4-49　多次修复

图4-50　最终效果

技 巧

在使用 ✏️（修复画笔工具）修复图像时，画笔的大小和硬度是非常重要的，硬度越小，边缘的羽化效果越明显。

实例38　污点修复画笔工具 🔍

实例 ▶ 目的 ✍️

通过制作如图4-51所示的流程效果图，了解"污点修复画笔工具"的应用。

◀ 图4-51　流程图

实例 **重点** ✎

★　设置"污点修复画笔工具"的属性栏；

★　使用"污点修复画笔工具"去除污点。

扫一扫

微课视频

实例 **步骤** ✎

STEP 1 执行菜单"文件/打开"命令，打开附赠资源中的"素材文件/第4章/花环"素材，如图4-52所示。

STEP 2 选择工具箱中的 ☑（污点修复画笔工具），设置画笔"大小"为20像素、"硬度"为47%、"间距"为25%、"角度"为0°、"圆度"为100%、"模式"为"正常"，选中"内容识别"单选按钮，如图4-53所示。

◀ 图4-52　素材

◀ 图4-53　设置属性

STEP 3 在图像上有污点的地方涂抹，如图4-54所示。

STEP 4 松开鼠标按键后，此处污点就会被去除，如图4-55所示。

STEP 5 在有污点的地方反复涂抹，直到去除污渍为止，至此本例制作完成，效果如图4-56所示。

◀ 图4-54　涂抹

◀ 图4-55　修复

◀ 图4-56　最终效果

技 巧

使用"污点修复画笔工具"去除图像上的污点时，画笔的大小是非常重要的，稍微大一点则会将边缘没有污点的图像也添加到其中。

实例39 修补工具

实例 ▶目的

通过制作如图4-57所示的效果图，了解"修补工具"在本例中的应用。

实例 ▶重点

★ 打开素材；
★ 使用"修补工具"修补斑点。

扫一扫

微课视频

◁ 图4-57 效果图

实例 ▶步骤

STEP 1 ▶ 打开附赠资源中的"素材文件/第4章/表情"素材，将其作为背景，如图4-58所示。

STEP 2 ▶ 选择▣（修补工具），在属性栏中设置"修补"为"内容识别"，再使用▣（修补工具）在斑点的位置创建选区，如图4-59所示。

STEP 3 ▶ 使用▣（修补工具）直接拖动刚才创建的选区到没有斑点的区域上，效果如图4-60所示。

STEP 4 ▶ 使用同样的方法修补面部的其他斑点。至此本例制作完毕，效果如图4-61所示。

◁ 图4-58 素材

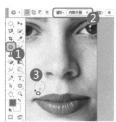
◁ 图4-59 设置修补工具

◁ 图4-60 移动

◁ 图4-61 最终效果

技 巧

使用"修补工具"时，在属性栏中选中"源"单选按钮，将会用采集来的图像替换当前选区内容的图像。

技 巧

使用"修补工具"时，在属性栏中选中"目标"单选按钮，可以将选区内的图像移动到目标图像上，二者将会融合在一起，达到修复图像的效果。

技 巧

使用"修补工具"时，在属性栏中勾选"透明"复选框，修复后的图像采集点在前面会出现透明效果，与背景之间更加融合。

技 巧

使用"修补工具"绘制选区后，"应用图案"按钮才处于激活状态，在"图案"下拉列表中选择一个图案进行修补。

技 巧

在英文输入法状态下，按J键可以选择"修复画笔工具"或"修补工具"，按Shift+J键可
以在它们之间进行切换。

| 实例40　红眼工具 　🔍

实例 目的

通过制作如图4-62所示的效果图，了解
"红眼工具"在本例中的应用。

实例 重点

★ 设置▣（红眼工具）属性；
★ 使用▣（红眼工具）去除红眼效果。

实例 步骤

扫一扫

微课视频

◁ 图4-62　效果图

STEP 1 打开附赠资源中的"素材文件/第4章/表情2"素材，将其作为背景，如图4-63所示。

STEP 2 选择▣（红眼工具），在属性栏中设置"瞳孔大小"为50%，设置"变暗量"为50%，再
使用▣（红眼工具）在红眼睛上单击，如图4-64所示。

STEP 3 释放鼠标后，系统会自动按照属性设置对红眼睛进行清除，至此本例制作完毕，效果如
图4-65所示。

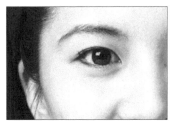

◁ 图4-63　素材

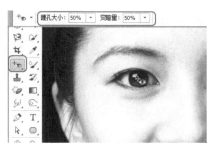

◁ 图4-64　设置红眼工具

◁ 图4-65　最终效果

技 巧

在处理不同大小照片的红眼效果时，可按照片的要求设置"瞳孔大小"和"变暗量"，
然后再在红眼处单击。

| 实例41　减淡工具 　🔍

实例 目的

通过制作如图4-66所示的效果图，了解"减淡工具"在本例中的应用。

◀ 图4-66 效果图

扫一扫

微课视频

实例 ▸ 重点

★ 设置 🔍（减淡工具）属性；

★ 使用🔍（减淡工具）对人物面部进行减淡处理。

实例 ▸ 步骤

STEP 1 ▸ 打开附赠资源中的"素材文件/第4章/孩子"素材，将其作为背景，如图4-67所示。

STEP 2 ▸ 选择🔍（减淡工具），设置"大小"为100像素、"硬度"为0%、"范围"为"中间调"、"曝光度"为20%，再使用🔍（减淡工具）在素材中人物面部进行反复涂抹，效果如图4-68所示。

STEP 3 ▸ 再设置"大小"为200像素，其他参数不变，使用🔍（减淡工具）在素材中面部进行反复涂抹，效果如图4-69所示。

STEP 4 ▸ 整个画面涂抹后，得到最终效果，如图4-70所示。

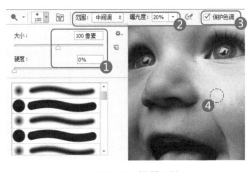

◀ 图4-67 素材　　　　◀ 图4-68 设置工具　　　　◀ 图4-69 再次减淡　◀ 图4-70 最终效果

实例42 锐化工具 🔍

实例 ▸ 目的

通过制作如图4-71所示的效果图，了解"锐化工具"的应用。

扫一扫

微课视频

实例 ▸ 重点

★ 设置"锐化工具"的属性栏；

★ 使用"锐化工具"对图像进行锐化处理。

实例 ▸ 步骤

STEP 1 ▸ 执行菜单"文件/打开"命令，打开附赠资源中的"素材文件/第4章/鲜花"素材，将其作为背景，如图4-72所示。

STEP 2 ▸ 选择工具箱中的（锐化工具），设置"大小"为231px、"硬度"为0%，如图4-73所示。

◀ 图4-71 效果图

STEP 3▶ 在属性栏中设置"模式"为"正常"、"强度"为80%，勾选"保护细节"复选框，如图4-74所示。

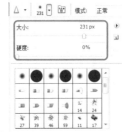

◀图4-72　素材　　　　　◀图4-73　设置工具　　　　　　　　　图4-74　属性栏

STEP 4▶ 使用◭（锐化工具）在图像中有花的部位进行涂抹，效果如图4-75所示。

STEP 5▶ 在近处的花朵处涂抹，至此本例制作完毕，效果如图4-76所示。

◀图4-75　涂抹　　　　　◀图4-76　最终效果

技 巧

使用◭（锐化工具）在比较模糊的图像上来回涂抹后，会使模糊图像变得清晰一些，它的功能与◙（模糊工具）正好相反。

实例43　加深工具　🔍

实例　目的

通过制作如图4-77所示的流程效果图，了解"加深工具"的应用。

◀图4-77　流程图

实例　重点

★　使用"加深工具"对图像进行局部加深处理；

★　设置"画笔"面板并使用画笔描边路径；

★　使用"边界"命令制作图像边缘。

扫一扫

微课视频

实例　步骤

STEP 1▶ 执行菜单"文件/打开"命令，打开附赠资源中的"素材文件/第4章/鲜花2"素材，将其作为背景，如图4-78所示。

STEP 2 执行菜单 "文件/打开" 命令，打开附赠资源中的 "素材文件/第4章/蝴蝶" 素材，如图4-79所示。

STEP 3 在工具箱中设置 "前景色" 为黑色，单击工具箱中的 "以快速蒙版模式编辑" 按钮◎，进入快速蒙版模式编辑状态，选择工具箱中的◢（画笔工具），调整合适的笔触和大小，在图像上进行涂抹，如图4-80所示。

◄ 图4-78 素材1　　　◄ 图4-79 素材2　　　◄ 图4-80 快速蒙版

STEP 4 完成图像的涂抹后，单击工具箱中的 "以标准模式编辑" 按钮◎，返回标准模式编辑状态，创建蝴蝶选区，如图4-81所示。

STEP 5 按Ctrl+C键复制选区中的蝴蝶图像，切换到鲜花2图像中，按Ctrl+V键粘贴图像，如图4-82所示。

◄ 图4-81 调出选区　　　　　　　　◄ 图4-82 复制

STEP 6 按Ctrl+T键调出变换框，拖动控制点将图像调整到合适的大小和位置，如图4-83所示。

◄ 图4-83 变换

STEP 7 选择工具箱中的◉（加深工具），在属性栏上设置 "范围" 为 "中间调"、"曝光度" 为50%，并设置合适的画笔大小，如图4-84所示。

4-84所示。

◄ 图4-84 设置属性

STEP 8 使用◉（加深工具）在蝴蝶图像上进行涂抹，使其色彩更加艳丽，如图4-85所示。

◄ 图4-85 加深

技 巧

在"范围"下拉列表中可以选择"中间调""暗调"和"高光"选项，分别代表更改灰色的中间区域、更改深色区域和更改浅色区域。

技 巧

选择 ◎（加深工具），在图像的某一点进行涂抹后，会使此处变得比原图稍暗一些，主要用于两个图像进行衔接的地方，使其看起来更加融合。

STEP 9 单击"图层"面板上的"创建新图层"按钮 ，新建"图层2"图层，使用工具箱中的 （矩形选框工具）在页面中绘制一个矩形选区，如图4-86所示。

STEP10 执行菜单"窗口/路径"命令，打开"路径"面板，单击"路径"面板上的"从选区生成路径"按钮 ，生成路径，如图4-87所示。

▣ 图4-86 新建图层

▣ 图4-87 转换路径

STEP11 选择工具箱中的 （画笔工具），在工具箱中设置"前景色"为白色，按F5键打开"画笔"面板，设置如图4-88所示。

STEP12 单击"路径"面板上的"用画笔描边路径"按钮 ，效果如图4-89所示。

▣ 图4-88 "画笔"面板

▣ 图4-89 描边

技 巧

在使用画笔描边路径时，一定要按照图像的大小来设置画笔的大小和画笔的间距，这样才会出现圆点描边路径的效果。按住Shift键拖动鼠标同样可以绘制出直线的画笔图案。

STEP13 在"路径"面板上的空白处单击取消工作路径，转换到"图层"面板中，按Ctrl+T键调出变换框，按住Alt+Shift键拖动控制点将图像等比例缩小，效果如图4-90所示。

STEP14 按Enter键确定，单击"图层"面板上的"创建新图层"按钮 ，新建"图层3"图层，使用工具箱中的 （矩形选框工具）在页面中绘制矩形选区，如图4-91所示。

◀ 图4-90　变换

◀ 图4-91　新建图层并创建选区

STEP15 执行菜单"选择/修改/边界"命令，弹出"边界选区"对话框，设置"宽度"为20像素，如图4-92所示。

STEP16 单击"确定"按钮，完成"边界选区"对话框的设置，效果如图4-93所示。

STEP17 将"前景色"设置为白色，按Alt+Delete键填充前景色，再按Ctrl+D键取消选区，至此本例制作完毕，效果如图4-94所示。

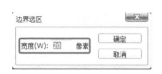

◀ 图4-92　"边界选区"对话框

◀ 图4-93　边界效果

◀ 图4-94　最终效果

| 本章练习与小结 Q

练习

使用"海绵工具"对素材局部进行去色处理。

习题

1. 下面哪个工具绘制的线条较硬？（　　　）

　A. 铅笔工具　　　　　　B. 画笔工具　　　　　　C. 颜色替换工具　　　　　D. 图案图章工具

2. 减淡工具和下面的哪个工具是基于调节照片特定区域的曝光度的传统摄影技术，可用于使图像区域变亮或变暗？（　　　）

　A. 渐变工具　　　　　　B. 加深工具　　　　　　C. 锐化工具　　　　　　D. 海绵工具

3. 自定义的图案可以用于以下哪个工具？（　　　）

　A. 油漆桶工具　　　　　B. 修补工具　　　　　　C. 图案图章工具　　　　　D. 画笔工具

小结

　　在Photoshop CS6中的绘图指的是通过相应的工具在文件中重新创建的图像，被绘制的图像之前是不存在的；修饰图像指的是在原来的图像基础上对其进行加工和修正，将瑕疵部位修复。

　　本章首先介绍关于Photoshop CS6软件中用来绘图与修饰图像的工具，以及各工具在实际中的具体应用，让大家快速了解关于绘图与修饰图像方面的知识。

第5章

Photoshop CS6

| 填充与擦除

Photoshop中的填充指的是在被编辑的文件中，可以对整体或局部使用单色、多色或复杂的图像进行覆盖，而擦除正好相反，是将图像的整体或局部进行清除。本章主要介绍关于Photoshop中填充与擦除方面的知识。

| 本章重点

- 设置前景色与应用填充命令
- 填充图案
- 内容识别填充
- 渐变工具
- 渐变编辑器
- 油漆桶工具
- 橡皮擦工具
- 背景橡皮擦

| 实例44　设置前景色与应用填充命令　🔍

实例　目的

本实例通过更精确的颜色设置来学习如何设置前景色和应用"填充"命令，实例流程效果如图5-1所示。

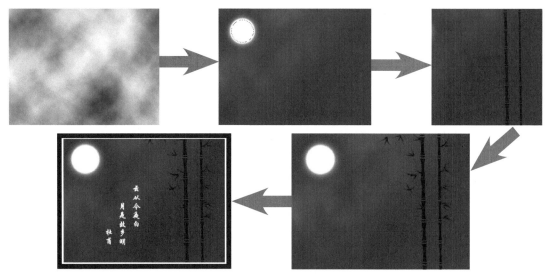

◀ 图5-1　流程图

实例　重点

扫一扫

- ✦ 设置前景色；
- ✦ 使用"填充"对话框；
- ✦ 使用"云彩"滤镜；
- ✦ "画笔"画板的应用。

微课视频

实例　步骤

STEP 1 执行菜单"文件/新建"命令或按Ctrl+N键，打开"新建"对话框，其中的参数设置如图5-2所示。

STEP 2 在工具箱中单击"前景色"图标，弹出"拾色器"对话框，将前景色设置为RGB（5、5、138），如图5-3所示。

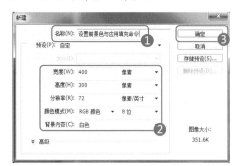

◀ 图5-2　"新建"对话框

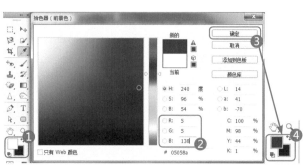

◀ 图5-3　设置前景色

STEP 3 设置完毕后单击"确定"按钮，执行菜单"编辑/填充"命令，弹出"填充"对话框，在"使用"下拉列表中选择"前景色"选项，然后单击"确定"按钮，如图5-4所示。

STEP 4 此时"背景"图层被填充为蓝色，如图5-5所示。

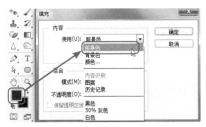

技巧

在填充颜色时按Alt+Delete键也可以填充前景色；按Ctrl+Delete键可以填充背景色。

◀ 图5-4 "填充"对话框　　◀ 图5-5 填充效果

STEP 5 单击"图层"面板中的"创建新图层"按钮 ，新建一个图层并将其命名为"云彩"，如图5-6所示。

STEP 6 单击工具箱中的"默认前景色和背景色"按钮，再执行菜单"滤镜/渲染/云彩"命令，效果如图5-7所示。

STEP 7 将前景色设置为"白色"，背景色设置为"黑色"，单击"图层"面板中的"添加图层蒙版"按钮 ，为图层添加蒙版，选择（渐变工具），在属性栏中选择"线性渐变"和"从前景色到背景色"，如图5-8所示。

◀ 图5-6 新建图层并命名　　◀ 图5-7 云彩效果　　◀ 图5-8 设置渐变

STEP 8 使用"渐变工具"在图层蒙版中从左上角到右下角拖曳鼠标绘制渐变蒙版，再设置"不透明度"为37%，效果如图5-9所示。

STEP 9 新建一个图层并命名为"月亮"。使用（椭圆选框工具），设置"羽化"为2像素，按住Shift键绘制圆形选区，按Alt+Delete键填充前景色，效果如图5-10所示。

STEP10 拖曳"月亮"图层到"新建图层"按钮 上，得到"月亮 副本"图层，将"月亮 副本"图层拖曳到"月亮"图层下方，执行菜单"选择/修改/羽化"命令，弹出"羽化选区"对话框，设置"羽化半径"为10像素，如图5-11所示。

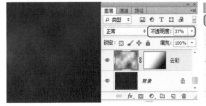
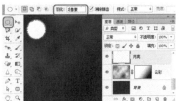

◀ 图5-9 填充渐变蒙版并设置不透明　　◀ 图5-10 填充　　◀ 图5-11 羽化选区

STEP11 设置完毕后单击"确定"按钮，按Alt+Delete键填充前景色，效果如图5-12所示。

STEP12 将前景色设置为"黑色"，新建一个图层并命名为"竹子"。使用 （矩形选框工具），在页面中绘制矩形选区并填充为"黑色"，再使用 （椭圆选框工具）在矩形上绘制椭圆选区并按Delete键清除选区，效果如图5-13所示。

STEP13 使用 （椭圆选框工具）绘制选区后填充黑色，绘制竹节部位，使用同样的方法制作出整根竹子，如图5-14所示。

◁ 图5-12　填充　　　　　◁ 图5-13　绘制竹子　　　　　◁ 图5-14　竹子

STEP14 下面绘制竹叶，选择工具箱中的 （画笔工具），按F5键打开"画笔"面板，其中的参数值设置如图5-15所示。

STEP15 在页面中绘制大小不等的竹叶，效果如图5-16所示。

STEP16 新建一个图层，命名为"描边"，执行菜单"选择/全部"命令或按Ctrl+A键，再执行菜单"编辑/描边"命令，弹出"描边"对话框，设置参数如图5-17所示。

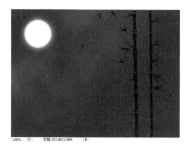

◁ 图5-15　设置画笔　　　　　◁ 图5-16　竹叶　　　　　◁ 图5-17　"描边"对话框

STEP17 设置完毕后单击"确定"按钮，描边后的效果如图5-18所示。

STEP18 按住Ctrl键单击"描边"图层的缩略图，调出选区，复制"描边"图层，得到"描边 副本"图层，并将选区填充为"白色"。再执行菜单"编辑/变换/缩放"命令，调出变换框将图像缩小，按Enter键确定，效果如图5-19所示。

STEP19 执行菜单"选择/取消选区"命令，取消选区。使用 （直排文字工具），在页面中输入相应的文字，完成本例效果的制作，如图5-20所示。

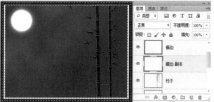

◀ 图5-18 描边效果　　　　　　　◀ 图5-19 缩小　　　　　　　◀ 图5-20 最终效果

实例45 填充图案

➡

实例 目的

通过填充图案，进一步掌握"填充"命令的功能，实例流程效果如图5-21所示。

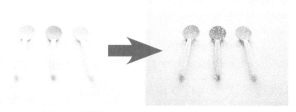

◀ 图5-21 流程图

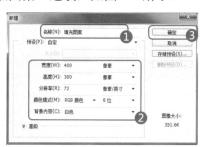
实例 重点

✦ "填充"对话框的设置；　　　　　✦ 混合模式。

实例 步骤

STEP 1 执行菜单"文件/新建"命令或按Ctrl+N键，打开"新建"对话框，将其命名为"填充图案"，其他设置如图5-22所示。

STEP 2 执行菜单"编辑/填充"命令，弹出"填充"对话框，在"使用"下拉列表中选择"图案"选项，单击"自定图案"右上角的三角形按钮 ，在弹出的下拉菜单中选择"自然图案"选项，如图5-23所示。

◀ 图5-22 "新建"对话框　　　　　　　◀ 图5-23 "填充"对话框1

STEP 3 此时系统会弹出提示对话框，单击"确定"按钮即可，在"自定图案"中选择要填充的图案，如图5-24所示。

STEP 4 设置完毕后单击"确定"按钮，图案填充效果如图5-25所示。

◀ 图5-24 "填充"对话框2 ◀ 图5-25 填充效果

STEP 5 执行菜单"文件/打开"命令，打开附赠资源中的"素材/第5章/勺"素材，如图5-26所示。

STEP 6 使用 ⊕ （移动工具）拖曳素材文件中的图像到"图案填充"文件中，并将新建的图层命名为"相片"，"混合模式"设置为"点光"，如图5-27所示。

STEP 7 至此本例制作完毕，效果如图5-28所示。

◀ 图5-26 素材 ◀ 图5-27 命名 ◀ 图5-28 最终效果

| 实例46 内容识别填充 🔍

实例 目的

通过制作如图5-29所示的流程效果图，了解"填充"命令中的"内容识别"在本例中的应用。

◀ 图5-29 流程图

实例 重点

★ 打开素材；

★ 设置"填充"对话框。

扫一扫

微课视频

实例 **步骤**

STEP 1 执行菜单"文件/打开"命令或按Ctrl+O键，打开附赠资源中的"素材/第5章/种花"素材，效果如图5-30所示。

STEP 2 使用 (椭圆选框工具)在素材中花盆处创建一个椭圆选区，如图5-31所示。

STEP 3 执行菜单"编辑/填充"命令，打开"填充"对话框，在"使用"下拉列表中选择"内容识别"选项，如图5-32所示。

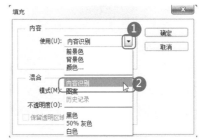

图5-30 素材 　　　　图5-31 在图像中创建选区 　　　　图5-32 "填充"对话框

STEP 4 设置完毕后单击"确定"按钮，按Ctrl+D键去掉选区，效果如图5-33所示。

图5-33 内容识别效果

实例47 渐变工具

实例 **目的**

通过制作如图5-34所示的流程效果图，了解"渐变工具"的应用。

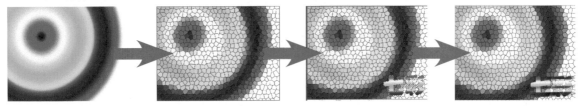

图5-34 流程图

实例 **重点**

★ "渐变工具"的使用；

　　★　"染色玻璃"命令和"图层/栅格化/文字"命令的应用；
　　★　"动感模糊"菜单命令和"图像/调整/阈值"菜单命令的应用；
　　★　"混合模式"中"正片叠底"的应用。

扫一扫

微课视频

实例 **步骤**

STEP 1▶ 执行菜单"文件/新建"命令或按Ctrl+N键，打开"新建"对话框，设置如图5-35所示。

STEP 2▶ 单击"确定"按钮后，系统会新建一个背景为白色的空白文件，使用工具箱中的▣（渐变工具），设置"渐变样式"为"径向渐变"、"渐变类型"为"透明彩虹"，如图5-36所示。

STEP 3▶ 使用▣（渐变工具）在新建的白色页面中按住鼠标左键从左上角向右下角拖曳，松开鼠标后页面就被填充为径向的透明彩虹效果，如图5-37所示。

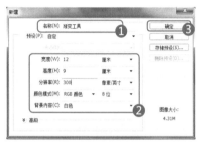

◀ 图5-35　"新建"对话框

◀ 图5-36　设置渐变

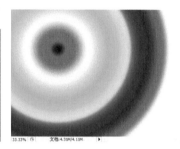

◀ 图5-37　绘制渐变

STEP 4▶ 执行菜单"滤镜/滤镜库"命令，在"滤镜库"中选择"纹理/染色玻璃"命令，打开"染色玻璃"对话框，其中的参数设置如图5-38所示。

技　巧

　　▣（渐变工具）不能用于位图、索引颜色模式的图像。执行渐变操作时，在图像中或选区内按住鼠标左键单击起点，然后拖曳鼠标指针确定终点，松开鼠标即可。若要限制方向（45°的倍数），在拖曳时按住Shift键即可。

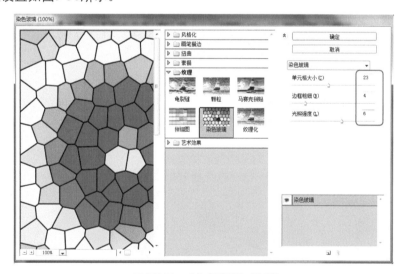

◀ 图5-38　"染色玻璃"对话框

STEP 5▶ 设置完毕后单击"确定"按钮，应用"染色玻璃"命令后的效果如图5-39所示。

STEP 6▶ 使用▣（横排文字工具），设置合适的文字字体和文字大小后，在页面相应的位置输入文字，如图5-40所示。

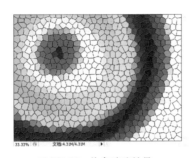

图5-39 染色玻璃效果

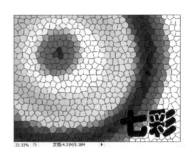

图5-40 输入文字

STEP 7 执行菜单"图层/栅格化/文字"命令，将文字转换成图像，再执行菜单"选择/载入选区"命令，打开"载入选区"对话框，其中的参数设置如图5-41所示。

STEP 8 设置完毕后单击"确定"按钮，调出"七彩"图层的选区，如图5-42所示。

STEP 9 选择工具箱中的■（渐变工具），设置"渐变样式"为"线性渐变"，"渐变类型"为"透明彩虹"，在文字选区内按住鼠标左键从上向下拖曳，在选区内填充渐变色，效果如图5-43所示。

图5-41 "载入选区"对话框

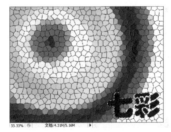

图5-42 调出选区

图5-43 填充渐变色

STEP10 在"图层"面板中，拖曳"七彩"图层到"创建新图层"按钮 ↴ 后得到"七彩 副本"图层，如图5-44所示。

STEP11 选中"七彩"图层，执行菜单"滤镜/模糊/动感模糊"命令，打开"动感模糊"对话框，设置"角度"为0，"距离"为289，如图5-45所示。

STEP12 设置完毕后单击"确定"按钮，效果如图5-46所示。

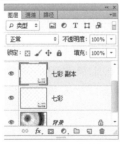

图5-44 复制

图5-45 "动感模糊"对话框

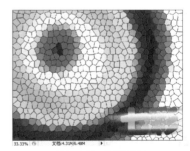

图5-46 模糊效果

STEP13 执行菜单"图像/调整/阈值"命令，打开"阈值"对话框，设置"阈值色阶"为128，如图5-47所示。

STEP14 设置完毕后单击"确定"按钮，效果如图5-48所示。

STEP15 设置"混合模式"为"正片叠底"，至此本例制作完毕，效果如图5-49所示。

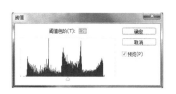

■ 图5-47　"阈值"对话框

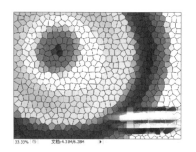

■ 图5-48　阈值效果

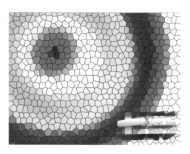

■ 图5-49　最终效果

实例48　渐变编辑器　🔍　➡

实例 ▶ 目的

通过制作如图5-50所示的流程效果图，了解"渐变编辑器"的应用。

■ 图5-50　流程图

实例 ▶ 重点

扫一扫

★　使用"渐变工具"创建背景；

★　使用"渐变编辑器"绘制小球。

微课视频

实例 ▶ 步骤

STEP 1 执行菜单"文件/新建"命令或按Ctrl+N键，打开"新建"对话框，将其命名为"渐变编辑器"，设置文件的"宽度"为"12厘米"、"高度"为"9厘米"、"分辨率"为"300像素/英寸"、"颜色模式"为"RGB颜色"、"背景内容"为"白色"。

STEP 2 单击"确定"按钮后，系统会新建一个背景为白色的空白文件，在工具箱中选择 🔲（渐变工具），设置"渐变样式"为"线性渐变"，然后在"渐变类型"上单击鼠标左键，如图5-51所示。

■ 图5-51　属性栏

STEP 3 单击会打开"渐变编辑器"对话框，从左至右分别设置渐变颜色值为RGB（216、216、216）、RGB（216、216、216）、RGB（0、0、255）、RGB（0、0、0255），其他设置如图5-52所示。

STEP 4 设置完毕后单击"确定"按钮，选择■（渐变工具），在页面中按住鼠标左键从下向上拖曳，松开鼠标后背景就被填充为"渐变编辑器"预设的渐变色，如图5-53所示。

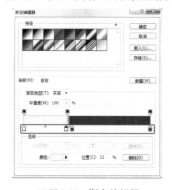

■ 图5-52 渐变编辑器

■ 图5-53 填充渐变色

STEP 5 在"图层"面板中单击"创建新图层"按钮 ◻，新建一个图层并将其命名为"球"，如图5-54所示。

STEP 6 使用◯（椭圆选框工具），按住Shift键在页面相应的位置绘制圆形选区，如图5-55所示。

STEP 7 在工具箱中选择■（渐变工具），设置"渐变样式"为"径向渐变"，然后在"渐变类型"上单击鼠标左键，打开"渐变编辑器"对话框，从左至右分别设置渐变颜色值为RGB（255、255、255）、RGB（255、255、255）、RGB（2、2、98）、RGB（1、1、43），其他的参数设置如图5-56所示。

■ 图5-54 新建图层并命名

■ 图5-55 绘制圆形选区

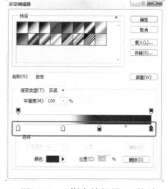

■ 图5-56 "渐变编辑器"对话框

STEP 8 设置完毕后单击"确定"按钮，使用"渐变工具"在圆形选区内按住鼠标左键从左上角向右下角拖曳，松开鼠标后背景就被填充为"渐变编辑器"预设的渐变色，如图5-57所示。

STEP 9 新建一个图层并将其命名为"投影"，再将其选区填充为"黑色"，如图5-58所示。

STEP10 按Ctrl+T键调出变换框，按住Ctrl键拖曳控制点改变"投影"图层的图像形状，如图5-59所示。

技 巧

在渐变编辑器色标上单击，可在"颜色"复选框中改变色标的颜色；在渐变编辑器色标上方单击调出透明度色标，可在"不透明度"复选框中更改不透明度。

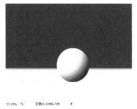
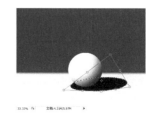

图5-57 填充渐变色　　　图5-58 新建图层并命名

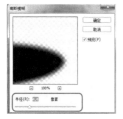

图5-59 变换图像

STEP11 按Enter键确定调整，再按Ctrl+D键取消选区，执行菜单"滤镜/模糊/高斯模糊"命令，打开"高斯模糊"对话框，设置"半径"值为4.4像素，如图5-60所示。

STEP12 设置完毕后单击"确定"按钮，在"图层"面板中设置"不透明度"为44%，如图5-61所示。

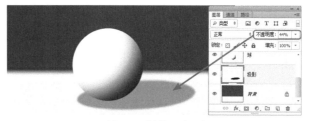

图5-60 "高斯模糊"对话框　　　图5-61 调整不透明度

STEP13 将前景色设置为"白色"，新建一个图层并将其命名为"光"，使用☑（多边形套索工具），设置"羽化"值为5像素，在画布上绘制如图5-62所示的选区。

STEP14 选择工具箱中的▣（渐变工具），设置"渐变样式"为"线性渐变"，"渐变类型"为"从前景色到透明"，如图5-63所示。

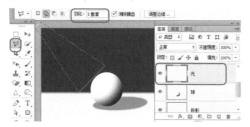
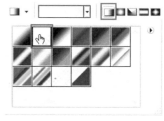

图5-62 绘制选区　　　　　图5-63 设置渐变

STEP15 使用▣（渐变工具）在选区内按住鼠标左键从左上角向右下角拖曳，填充渐变色，效果如图5-64所示。

STEP16 在"图层"面板中设置"不透明度"为55%，如图5-65所示。

STEP17 按Ctrl+D键去除选区，单击"横排文字工具"按钮T.，设置合适的文字字体和文字大小后，在页面相应的位置输入相应的文字内容，至此本例制作完毕，效果如图5-66所示。

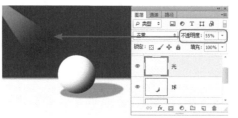

图5-64 填充渐变色　　　图5-65 设置不透明度　　　图5-66 最终效果

实例49　油漆桶工具　🔍

实例 目的

通过制作如图5-67所示的流程效果图，了解"油漆桶工具"的应用。

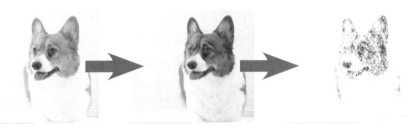

图5-67　流程图

实例 重点

★　使用"图像/调整/色相/饱和度"菜单命令改变图像的颜色；

★　更改"填充图案"并填充；

★　使用"混合模式"让图层之间更加融合。

实例 步骤

STEP 1 打开附赠资源中的"素材文件/第5章/小狗"素材，将其作为背景，如图5-68所示。

STEP 2 执行菜单"图像/调整/色相/饱和度"命令，打开"色相/饱和度"对话框，其中的参数设置如图5-69所示。

STEP 3 设置完毕后单击"确定"按钮，应用"色相/饱和度"命令后的效果如图5-70所示。

图5-68　素材　　　　　图5-69　"色相/饱和度"对话框　　　　　图5-70　色相/饱和度调整效果

STEP 4 在"图层"面板中单击"创建新图层"按钮 ⌐，新建一个图层并将其命名为"花"，如图5-71所示。

STEP 5 在工具箱中选择 🖳（油漆桶工具），设置"填充"为"图案"，打开"图案"面板，在面板中单击右边的 ⚫ 按钮，在打开的菜单中选中"自然图案"选项，属性栏中的其他参数以默认值为准，如图5-72所示。

STEP 6 单击"自然图案"后，系统会打开如图5-73所示的对话框，单击"确定"按钮即可。

◁ 图5-71　新建图层并命名　　　　◁ 图5-72　选择填充的图案　　　　　◁ 图5-73　系统提示

STEP 7 单击"确定"按钮后，在"图案"面板中选择"多刺的灌木"图案，如图5-74所示。

STEP 8 使用 ◈ （油漆桶工具）在画布中单击，将"花"图层填充图案，效果如图5-75所示。

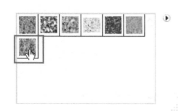
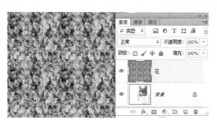

◁ 图5-74　选择"多刺的灌木"图案　　　　◁ 图5-75　填充

> **技 巧**
>
> 如果在图上工作且不想填充透明区域，可在"图层"面板中锁定该图层的透明区域。

STEP 9 在"图层"面板中设置"混合模式"为"颜色减淡"，如图5-76所示。

STEP10 至此本例制作完毕，效果如图5-77所示。

◁ 图5-76　混合模式　　　　◁ 图5-77　最终效果

> **技 巧**
>
> 在属性栏中勾选"消除锯齿"复选框，可平滑填充选区边缘；勾选"连续的"复选框，可只填充与单击像素连续的像素，反之则填充图像中的所有相似像素；勾选"所有图层"复选框，可填充所有可见图层的合并填充颜色。

实例50　橡皮擦工具　🔍

实例 ▶目的

通过制作如图5-78所示的效果图来了解"橡皮擦工具"的应用。

扫一扫

实例 重点

★ "背景"图层的复制；

★ "水彩画纸"命令及
"橡皮擦工具"的应用；

★ "去色"命令和"色阶"
命令的应用。

微课视频

◁ 图5-78 效果图

实例 步骤

STEP 1 执行菜单"文件/打开"命令或按Ctrl+O键，打开附赠资源中的"素材文件/第5章/花丛"素材，如图5-79所示。

STEP 2 在"图层"面板中拖动"背景"图层至"创建新图层"按钮 ▣ 上，得到"背景 副本"图层，如图5-80所示。

STEP 3 执行菜单"滤镜/滤镜库"命令，在其中选择"素描/水彩画纸"命令，打开"水彩画纸"对话框，设置参数如图5-81所示。

◁ 图5-79 素材　　◁ 图5-80 复制　　◁ 图5-81 "水彩画纸"对话框

STEP 4 完成"水彩画纸"对话框的设置，单击"确定"按钮，图像效果如图5-82所示。

STEP 5 使用工具箱中的 ▨（橡皮擦工具），设置笔尖为"绒毛球"，"大小"为192像素，如图5-83所示。

◁ 图5-82 水彩画纸　　◁ 图5-83 设置橡皮擦

STEP 6 在属性栏中设置"模式"为"画笔"，"不透明度"为97%，"流量"为98%，如图5-84所示。

◁ 图5-84 设置属性

STEP 7▶ 使用▨（橡皮擦工具）在页面中擦除相应的位置，效果如图5-85所示。

STEP 8▶ 执行菜单"图像/调整/去色"命令或按Shift+Ctrl+U键，将"背景 副本"图层中的图像去色，效果如图5-86所示。

◀ 图5-85　擦除

◀ 图5-86　去色

技　巧

按住Shift键可以强迫"橡皮擦工具"以直线方式擦除；按住Ctrl键可以暂时将"橡皮擦工具"转换为"移动工具"；按住Alt键系统将会以相反的状态进行擦除。

STEP 9▶ 执行菜单"图像/调整/色阶"命令，弹出"色阶"对话框，设置参数如图5-87所示。

STEP10▶ 设置完毕后单击"确定"按钮，至此本例制作完成，效果如图5-88所示。

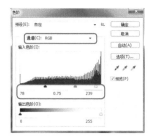

◀ 图5-87　"色阶"对话框

◀ 图5-88　最终效果

技　巧

使用▨（魔术橡皮擦工具）只要在选择的像素上单击即可将与之相似的区域删除，并将背景转换为普通图层，该工具的使用方法与▨（魔棒工具）相同，不同的是▨（魔术橡皮擦工具）会自动将选取的范围删除，如图5-89所示。

◀ 图5-89　魔术橡皮擦

▎实例51　背景橡皮擦　🔍

实例　目的 ✎

通过制作如图5-90的流程效果图来了解"背景橡皮擦工具"的应用。

◀ 图5-90　流程图

实例 重点

★ 设置"背景橡皮擦工具"的属性栏；
★ 使用"移动工具"和新建图层命令；
★ 在"图层"面板中设置"不透明度"
和"混合模式"。

扫一扫

微课视频

实例 步骤

STEP 1 执行菜单"文件/打开"命令或按
Ctrl+O键，打开附赠资源中的"素材文件/第5
章/玫瑰"素材，如图5-91所示。

图5-91 素材

STEP 2 选择工具箱中的 (背景橡皮擦工
具)，在属性栏中单击"取样：一次"按
钮 ，设置"限制"为"查找边缘"，"容
差"值为19%，如图5-92所示。

图5-92 属性

技 巧

在"取样"下拉列表中，选择"连
续"可以将鼠标经过处的所有颜色擦
除；选择"一次"选项，鼠标在选区
内单击处的颜色将会被作为背景色，
只要不松手就可以一次擦除这种颜
色；选择"背景色板"可以擦除与前
景色同样的颜色。

技 巧

在英文输入法状态下，按Shift+E键可以
选择 (橡皮擦工具)、 (魔术橡皮
擦工具)或 (背景橡皮擦工具)。

技 巧

在使用 (背景橡皮擦工具)时，在
属性栏中勾选"保护前景色"复选
框，可以在擦除颜色的同时保护前景
色不被擦除。

STEP 3 使用 (背景橡皮擦工具)在背景图像上按住鼠标左键拖曳擦除背景，如图5-93所示。

STEP 4 按住鼠标左键在整个图像上拖曳擦除所有的背景，效果如图5-94所示。

STEP 5 执行菜单"文件/打开"命令或按Ctrl+O键，打开附赠资源中的"素材文件/第5章/相恋"
素材，如图5-95所示。

图5-93 擦除背景

图5-94 擦除所有背景

图5-95 素材

STEP 6 选择工具箱中的 ![](（移动工具），将刚刚被擦除背景的花图像拖曳到素材图像中，并将新建的图层命名为"花"，如图5-96所示。

STEP 7 按Ctrl+T键调出变换框，拖曳控制点将"花"图层中的图像缩小并进行旋转，如图5-97所示。

STEP 8 按Enter键确定，在"图层"面板中设置"花"图层的"混合模式"为"变暗"，"不透明度"为70%，如图5-98所示。

STEP 9 至此本例制作完毕，效果如图5-99所示。

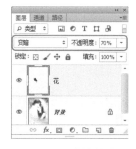

◀ 图5-96　移动　　　　　　◀ 图5-97　变换　　　　　◀ 图5-98　混合模式　　　　◀ 图5-99　最终效果

▌本章练习与小结　Q

练习

找一张自己喜欢的图片，使用"油漆桶工具"对局部进行图案填充。

习题

1. 下面哪个渐变填充为角度填充？（　　　）

 A.　　　　　　 B.　　　　　　 C.　　　　　　 D.

2. 下面哪个工具可以填充自定义图案？（　　　）

　A. 渐变工具　　　　　　B. 油漆桶工具　　　　　　C. 魔术棒工具　　　　　D. 背景橡皮擦工具

3. 在背景橡皮擦工具属性栏中选择哪个选项时，可以始终擦除第一次选取的颜色？（　　　）

　A. 一次　　　　　　　B. 连续　　　　　　　C. 背景色板　　　　　　D. 保护前景色

小结

　　本章主要对填充颜色、图案以及擦除图像或擦除背景等方面的命令或工具进行了详细讲解，使读者更容易按照学习顺序掌握Photoshop，并为后面的设计制作掌握一些至关重要的操作技巧。

第6章

Photoshop CS6

| 图层与路径

本章主要对Photoshop中的核心部分——图层与路径进行讲解，通过实例的操作让大家更轻松地掌握Photoshop的核心内容。

| 本章重点   ✦

<table>
<tr><td>颜色减淡模式</td><td>钢笔工具</td></tr>
<tr><td>变暗模式与图层样式</td><td>转换点工具</td></tr>
<tr><td>图层混合</td><td>自由钢笔工具</td></tr>
<tr><td>图层样式</td><td>路径面板</td></tr>
<tr><td>图案填充</td><td></td></tr>
<tr><td>渐变叠加与路径转换为选区</td><td></td></tr>
</table>

实例52　颜色减淡模式　🔍

实例 目的 ✍

通过"混合模式"中的"颜色减淡"制作如图6-1所示的效果。

扫一扫

微课视频

◀ 图6-1　效果图

实例 重点 ✍

★ 使用"去色"命令将彩色照片转换成黑白照片；

★ 复制图层及使用"反相"菜单命令；

★ 使用"高斯模糊"及"颜色减淡"制作素描效果。

实例 步骤 ✍

STEP 1 执行菜单"文件/打开"命令，打开附赠资源中的"素材文件/第6章/古建筑"素材，如图6-2所示。

STEP 2 执行菜单"图像/调整/去色"命令，将彩色图像去色，如图6-3所示。

◀ 图6-2　素材

◀ 图6-3　去色

STEP 3 在"图层"面板中拖曳"背景"图层到"创建新图层"按钮 ↲ 上，得到"背景 副本"图层，执行菜单"图像/调整/反相"命令，效果如图6-4所示。

STEP 4 在"图层"面板中设置"混合模式"为"颜色减淡"，此时的画布将会变成如图6-5所示的效果。

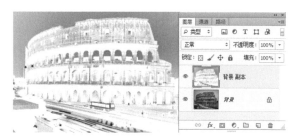
◀ 图6-4　反相

◀ 图6-5　混合模式

STEP 5 执行菜单"滤镜/模糊/高斯模糊"命令，打开"高斯模糊"对话框，设置"半径"值为2像素，如图6-6所示。

STEP 6 设置完成后单击"确定"按钮，至此本例制作完成，效果如图6-7所示。

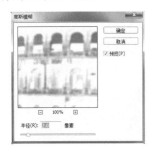

图6-6　"高斯模糊"对话框

图6-7　最终效果

实例53　变暗模式与图层样式

实例　目的

通过制作如图6-8所示的流程效果图，了解"混合模式"中"变暗"以及"投影"图层样式在实例中的应用。

图6-8　流程图

扫一扫

微课视频

实例　重点

★ 使用快速蒙版编辑方式创建选区；

★ 复制图像，并将图像多余部分删除；

★ 通过"混合模式"中的"变暗"将两个图像更好地融合在一起。

实例 步骤

STEP 1 执行菜单"文件/打开"命令，打开附赠资源中的"素材文件/第6章/树叶"素材，如图6-9所示。

STEP 2 单击工具箱中的"以快速蒙版模式编辑"按钮▣，进入快速蒙版编辑模式，使用◢（画笔工具），在其属性栏上设置相应的画笔大小和笔触，在画布中进行涂抹，如图6-10所示。

◣图6-9　素材　　　　　　　　　　　　　　　　　◣图6-10　快速蒙版

STEP 3 使用相同的方法，通过修改画笔的大小和笔触，在画布上继续将树叶涂抹出来，如图6-11所示。

STEP 4 单击工具箱中的"以标准模式编辑"按钮▣，返回标准模式编辑状态，自动创建树叶图形的选区，如图6-12所示。

STEP 5 按Ctrl+C键复制选区中的图形，再按Ctrl+V键粘贴图像，图像会自动新建一个图层来放置复制的图形，如图6-13所示。

◣图6-11　编辑快速蒙版　　　◣图6-12　创建选区　　　　　◣图6-13　复制

STEP 6 选中"图层1"图层，单击"图层"面板上的"添加图层样式"按钮 *fx.*，打开"图层样式"对话框，在左侧的"样式"列表中勾选"投影"复选框，设置如图6-14所示。

STEP 7 在"图层样式"对话框左侧的"样式"列表中勾选"外发光"复选框，转换到"外发光"选项设置，设置如图6-15所示。

技 巧

在"图层样式"对话框的"投影"选项设置中，在"混合模式"下拉列表中调整相应模式，可以出现不同的投影效果。在"品质"选项组中设置不同的"等高线"，可以出现不同的投影样式，单击"等高线"样式图标，可以打开"等高线编辑器"对话框，拖动其中的曲线可以自定义等高线的样式。

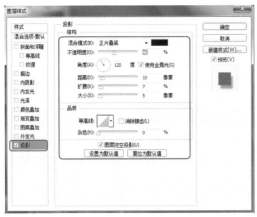
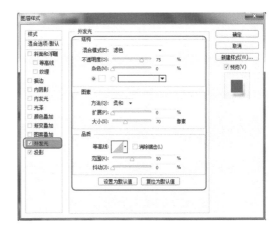

◁ 图6-14 设置"投影"样式　　　　　◁ 图6-15 设置"外发光"样式

STEP 8 单击"确定"按钮，完成"图层样式"对话框的设置，图像效果如图6-16所示。

STEP 9 执行菜单"文件/打开"命令，打开附赠资源中的"素材文件/第6章/城市"素材，如图6-17所示。

◁ 图6-16 添加样式　　　　　　　　◁ 图6-17 素材

STEP10 选择工具箱中的 ⊕ （移动工具），拖动素材图像至刚刚制作的图像文件中，如图6-18所示。

STEP11 按Ctrl+T键调出自由变换框，拖动控制点对图像进行适当的调整和旋转，如图6-19所示。

◁ 图6-18 移动　　　　　　　　　　◁ 图6-19 变换

技 巧

将一个文件中的图像转移到另一个文件中，除了使用"移动工具"拖动外，还可以使用复制和粘贴命令来实现图像在文件间的转移。

STEP12 按Enter键确认操作，按住Ctrl键单击"图层1"图层缩览图，调出"图层1"图层选区，执行菜单"选择/反向"命令，反向选择选区，按Delete键删除选区中的内容，如图6-20所示。

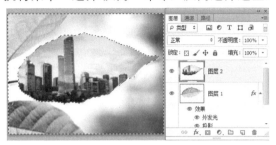

■图6-20　删除

> **技 巧**
>
> 执行菜单"选择/载入选区"命令，载入"图层1"图层选区，同样可以调出该图层的选区。

STEP13 按Ctrl+D键取消选区，在"图层"面板中设置"混合模式"为"变暗"，如图6-21所示。

STEP14 至此本例制作完毕，最终效果如图6-22所示。

■图6-21　混合模式

■图6-22　最终效果

实例54　图层混合

实例 目的

通过制作如图6-23所示的流程效果图，了解"混合模式"命令在本例中的应用。

■图6-23　流程图

扫一扫

微课视频

实例 重点

★ 应用"色阶"命令调整图像；

★ 设置"混合模式"；

★ 应用"色相/饱和度"命令调整图像的色调。

实例 步骤

STEP 1 打开附赠资源中的"素材文件/第6章/T恤和头像"素材，如图6-24和图6-25所示。

STEP 2 选择"头像"素材，执行菜单"图像/调整/色阶"命令，打开"色阶"对话框，其中的参数设置如图6-26所示。

STEP 3 设置完毕后单击"确定"按钮，效果如图6-27所示。

  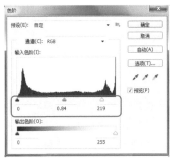 

◄ 图6-24 T恤素材　　◄ 图6-25 头像素材　　◄ 图6-26 "色阶"对话框　　◄ 图6-27 调整色阶效果

STEP 4 使用 ▶ （移动工具）拖动"头像"素材中的图像到"T恤"文件中，在"图层"面板中会自动得到一个"图层1"图层，按Ctrl+T键调出变换框，拖动控制点将图像缩小，设置"混合模式"为"变暗"，效果如图6-28所示。

STEP 5 按Enter键确定，执行菜单"图像/调整/色相/饱和度"命令，打开"色相/饱和度"对话框，勾选"着色"复选框，设置"色相"为0、"饱和度"为15、"明度"为0，如图6-29所示。

STEP 6 设置完毕后单击"确定"按钮。至此本例制作完毕，效果如图6-30所示。

◄ 图6-28 混合模式　　◄ 图6-29 "色相/饱和度"对话框　　◄ 图6-30 最终效果

实例55 图层样式

实例 目的

通过制作如图6-31所示的流程效果图，了解图层样式在本例中的应用。

■ 图6-31 流程图

实例 ▶ 重点

★ 绘制矩形并缩小选区；
★ 清除选区内容；
★ 为图层添加"黑色电镀金属"样式；
★ 为背景图层填充渐变色。

扫一扫

微课视频

实例 ▶ 步骤

STEP 1 ▶ 执行菜单"文件/新建"命令或按Ctrl+N键，打开"新建"对话框，设置文件的"宽度"为"18厘米"、"高度"为"13.5厘米"、"分辨率"为"150像素/英寸"，选择"颜色模式"为"RGB颜色"，选择"背景内容"为"白色"，然后单击"确定"按钮，如图6-32所示。

STEP 2 ▶ 新建"图层1"，设置前景色为"黑色"，使用▢（矩形工具）在页面中绘制一个黑色矩形，如图6-33所示。

■ 图6-32 "新建"对话框

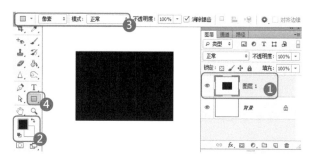

■ 图6-33 绘制矩形

STEP 3 ▶ 按住Ctrl键的同时单击"图层1"的缩略图，调出选区，执行菜单"选择/修改/收缩"命令，打开"收缩选区"对话框，设置"收缩量"为45像素，设置完毕后单击"确定"按钮，效果如图6-34所示。

STEP 4 ▶ 按Delete键删除选区内容，再按Ctrl+D键取消选区，效果如图6-35所示。

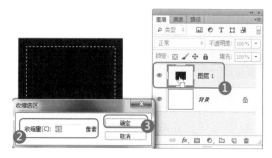

■ 图6-34 "收缩选区"对话框

■ 图6-35 删除选区内容

STEP 5 执行菜单"窗口/样式"命令，打开"样式"面板，选择"黑色电镀金属"样式，效果如图6-36所示。

STEP 6 打开附赠资源中的"素材文件/第6章/插画"素材，如图6-37所示。

▣ 图6-36 添加样式　　　　　　　　　　　　　　　　　　　　▣ 图6-37 素材

STEP 7 使用 （移动工具）拖动"插画"文件中的图像到新建文件中，在"图层"面板中会自动得到一个"图层2"图层，按Ctrl+T键调出变换框，拖动控制点将图像缩小，效果如图6-38所示。

STEP 8 按Enter键确定，新建"图层3"，使用 （矩形工具）在页面中绘制一个黑色矩形，选择"图层2"，再按Ctrl+T键调出变换框，拖动控制点将图像缩小，效果如图6-39所示。

▣ 图6-38 移动并变换　　　　　　　　　　　　　　　　　　　▣ 图6-39 变换

STEP 9 按Enter键确定，选中"背景"图层，选择 （渐变工具），设置"渐变样式"为"线性渐变"、"渐变类型"为"从前景色到透明"，使用 （渐变工具）从右下角向左上角拖动鼠标，填充渐变色，效果如图6-40所示。

STEP10 至此本例制作完毕，效果如图6-41所示。

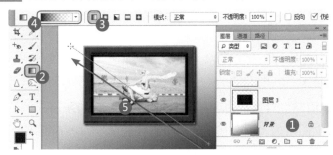

▣ 图6-40 填充渐变色　　　　　　　　　　　　　　　　　　　▣ 图6-41 最终效果

实例56　图案填充 Q

➡

实例 ▶ 目的 ✐

通过如图6-42所示的流程效果图，了解"图案填充"命令在本例中的应用。

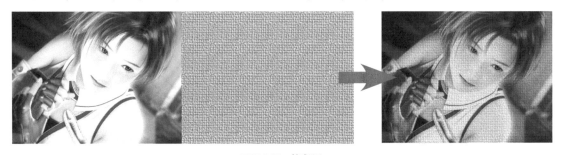

◀ 图6-42　流程图

扫一扫

微课视频

实例 ▶ 重点 ✐

★　使用"填充"菜单命令填充图案；　　　★　设置"混合模式"为
　　　　　　　　　　　　　　　　　　　　　　　"正片叠底"。

实例 ▶ 步骤 ✐

STEP 1▶ 打开附赠资源中的"素材文件/第6章/动漫"素材，如图6-43所示。

STEP 2▶ 在"图层"面板中单击"创建新的填充或调整图层"按钮 ◉，在弹出的菜单中选择"图案"命令，如图6-44所示。

STEP 3▶ 选择"图案"后，弹出"图案填充"对话框，选择相对应的图案，如图6-45所示。

◀ 图6-43　素材

◀ 图6-44　弹出菜单

◀ 图6-45　选择图案

STEP 4▶ 单击"确定"按钮，完成"图案填充"对话框的设置，图像效果如图6-46所示。

STEP 5▶ 在"图层"面板上设置"图层1"图层的"混合模式"为"正片叠底"、"不透明度"为60%，如图6-47所示。

STEP 6▶ 至此本例制作完毕，效果如图6-48所示。

图6-46 填充效果

图6-47 混合模式

图6-48 最终效果

实例57 渐变叠加与路径转换为选区

实例 目的

通过制作如图6-49所示的流程效果图，了解"渐变叠加"图层样式在本例中的应用。

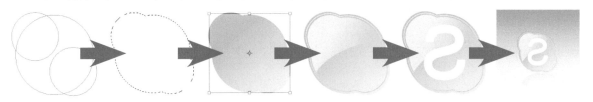

图6-49 流程图

实例 重点

★ 使用"椭圆工具"绘制椭圆形并添加"渐变叠加"图层样式；

★ 复制图像添加"渐变叠加"图层样式；

★ 输入文字并制作文字倒影。

扫一扫

微课视频

实例 步骤

STEP 1 执行菜单"文件/新建"命令或按Ctrl+N键，打开"新建"对话框，设置文件的"宽度"为"400像素"、"高度"为"400像素"、"分辨率"为"72像素/英寸"，选择"颜色模式"为"RGB颜色"，选择"背景内容"为"白色"，然后单击"确定"按钮，如图6-50所示。

STEP 2 选择工具箱中的 ◎（椭圆工具），在画布上绘制3个圆形路径，如图6-51所示。

STEP 3 执行菜单"窗口/路径"命令，打开"路径"面板，单击"路径"面板中的"将路径作为选区载入"按钮 ○ ，将路径转换为选区，如图6-52所示。

图6-50 "新建"对话框

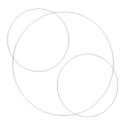

图6-51 绘制路径

图6-52 转换路径为选区

STEP 4 在"图层"面板上新建"图层1"图层，在工具箱中设置前景色为白色，按Alt+Delete键，为选区填充前景色，执行菜单"图层/图层样式/渐变叠加"命令，在打开的"图层样式"对话框中设置"渐变叠加"的渐变颜色值为RGB（158、225、249）到RGB（6、117、240），其他设置如图6-53所示。

STEP 5 单击"确定"按钮，完成"图层样式"对话框的设置，再按Ctrl+D键取消选区，图像效果如图6-54所示。

STEP 6 拖动"图层1"图层至"创建新图层"按钮 ↵ 上，复制"图层1"图层，并将其命名为"描边"，执行菜单"编辑/变换/缩放"命令，将图像缩小，如图6-55所示。

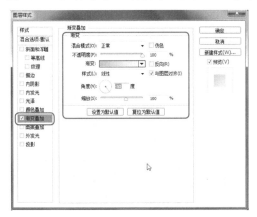

◁ 图6-53 设置"渐变叠加"样式　　◁ 图6-54 渐变叠加效果　　◁ 图6-55 变换

STEP 7 按Enter键确认操作，执行菜单"图层/图层样式/描边"命令，在打开的"图层样式"对话框中设置"描边"图层样式的"填充"类型为渐变，渐变颜色值为RGB（9、178、240）到RGB（255、255、255），其他设置如图6-56所示。

STEP 8 单击"确定"按钮，图像效果如图6-57所示。

STEP 9 拖动"图层1"图层至"创建新图层"按钮 ↵ 上，复制"图层1"图层，并将其命名为"高光"，选择工具箱中的◎（椭圆选框工具），在画布上绘制椭圆选区，执行菜单"选择/变换选区"命令，对选区进行调整，如图6-58所示。

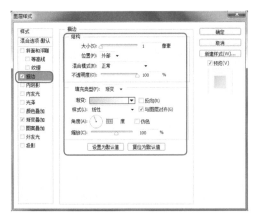

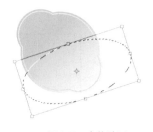

◁ 图6-56 设置"描边"样式　　◁ 图6-57 描边效果　　◁ 图6-58 变换选区

STEP10 按Enter键确认，再按Delete键删除选区中的图像，如图6-59所示。

STEP11 按Ctrl+D键取消选区，执行菜单"图层/图层样式/渐变叠加"命令，在打开的"图层样式"对话框中设置"渐变叠加"的渐变颜色值为RGB（189、234、251）到白色透明，其他设置如图6-60所示。

STEP12 在"图层"面板上设置"高光"图层的"填充"值为0%，并将其拖至"描边"图层上方，执行菜单"编辑/变换/缩放"命令，将图像缩小，如图6-61所示。

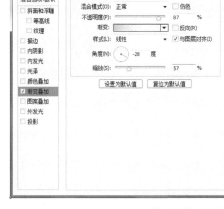

◀ 图6-59 删除选区内容　　　◀ 图6-60 设置"渐变叠加"样式　　　◀ 图6-61 变换

STEP13 选择工具箱中的 T（横排文字工具），在画布上输入文字，并对文字执行菜单"编辑/变换/水平翻转"命令，如图6-62所示。

STEP14 在"图层"面板上合并除"背景"图层外的所有图层，并将合并后的图层命名为"图标"，在"图层"面板上复制"图标"图层，将其命名为"阴影"，对"阴影"中的图像执行菜单"编辑/变换/垂直翻转"命令，调整其位置，效果如图6-63所示。

STEP15 单击"图层"面板中的"添加图层蒙版"按钮 ◻，为"阴影"图层添加图层蒙版，选择工具箱中的 ▣（渐变工具），选择一种由黑色到白色的渐变，在图层蒙版上按住鼠标左键拖动填充渐变颜色，效果如图6-64所示。

STEP16 选择工具箱中的 ▣（渐变工具），设置一种由灰色到白色的渐变，在"图层"面板上选择"背景"图层，在画布上按住鼠标左键拖动填充渐变颜色。至此本例制作完毕，效果如图6-65所示。

◀ 图6-62 变换文字　　◀ 图6-63 翻转　　　　◀ 图6-64 渐变蒙版　　　　◀ 图6-65 最终效果

实例58 钢笔工具

实例 目的

通过制作如图6-66所示的流程效果图，了解"钢笔工具"的应用。

◀ 图6-66 流程图

实例 重点

★ 使用"钢笔工具"在页面中绘制路径；

★ 将路径转换成选区和使用"羽化"命令；

★ 使用"通过拷贝的图层"命令复制对象。

扫一扫

微课视频

实例 步骤

STEP 1▶ 执行菜单"文件/打开"命令，打开附赠资源中的"素材文件/第6章/奖杯"素材，如图6-67所示。

STEP 2▶ 选择工具箱中的☑（钢笔工具），然后在属性栏上选择"路径"选项，在图像上创建路径，如图6-68所示。

◀ 图6-67 素材

◀ 图6-68 创建路径

> **技 巧**
>
> 使用"钢笔工具"创建直线路径时，只单击但不要按住鼠标左键，当鼠标指针移动到另一点时单击鼠标左键即可创建直线路径；按住鼠标左键并拖动即可创建曲线路径。

> **技 巧**
>
> 在创建路径时，为了能够更好地控制路径的走向，可以通过按Ctrl+ +和Ctrl+ -组合键来放大和缩小图像。

STEP 3▶ 执行菜单"窗口/路径"命令，在打开的"路径"面板中单击下面的"将路径作为选区载入"按钮 ○ ，如图6-69所示。

STEP 4 将路径转换为选区后的效果如图6-70所示。

◀ 图6-69 "路径"面板 　◀ 图6-70 转换路径为选区

> **技 巧**
>
> 使用"钢笔工具"时，单击属性栏上的"形状图层"按钮□，在图像中依次单击鼠标左键可以创建具有前景色填充的形状图层。

> **技 巧**
>
> 使用"钢笔工具"时，单击属性栏上的"路径"按钮▩，在图像中单击鼠标左键就可以创建普通的工作路径。

> **技 巧**
>
> 使用"钢笔工具"时，勾选属性栏中的"自动添加/删除"复选框，"钢笔工具"就具有"添加锚点"和"删除锚点"的功能。

STEP 5 执行菜单"图层/新建/通过拷贝的图层"命令，将选区图像拷贝到"图层1"图层中，如图6-71所示。

STEP 6 在"图层"面板中选中"图层1"图层，按住Ctrl键的同时单击"图层1"图层，获得选区，执行菜单"选择/修改/羽化"命令，在打开的"羽化选区"对话框中设置"羽化半径"值为35像素，如图6-72所示。

STEP 7 设置工具箱中的"前景色"为白色，选择工具箱中的"颜料桶工具"，再单击"图层1"图层选区外边缘，得到如图6-73所示的图像效果。

◀ 图6-71 复制 　◀ 图6-72 "羽化选区"对话框 　◀ 图6-73 图像效果

STEP 8 使用同样的方法制作其他发光的效果，如图6-74所示。

STEP 9 使用工具箱中的▣（直排文字工具），设置文字颜色为RGB（255、0、0），并在页面中输入相应的文字内容，如图6-75所示。

STEP10 设置文字颜色为RGB（0、0、0），并在页面中输入如图6-76所示的文字。

STEP11 此时的"图层"面板如图6-77所示。

STEP12 至此本例制作完毕，效果如图6-78所示。

◀ 图6-74　发光效果　　◀ 图6-75　输入文字1　　◀ 图6-76　输入文字2　　◀ 图6-77　"图层"面板　　◀ 图6-78　最终效果

实例59　转换点工具

实例 ▶ 目的

通过制作如图6-79所示的流程效果图，了解"转换点工具"的应用。

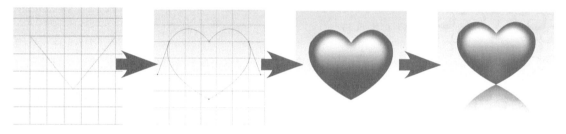

◀ 图6-79　流程图

实例 ▶ 重点

★　使用"转换点工具"对直线路径进行调整；

★　绘制"填充像素"图形；　　　　　★　运用模糊滤镜。

扫一扫

微课视频

实例 ▶ 步骤

STEP 1 ▶ 执行菜单"文件/新建"命令，打开"新建"对话框，设置"名称"为"转换点工具"，"宽度"和"高度"都设置为"500像素"，设置"分辨率"为"72像素/英寸"，如图6-80所示。

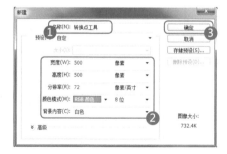

◀ 图6-80　"新建"对话框

STEP 2 ▶ 选择工具箱中的"渐变工具"，单击属性栏中的"渐变预览条"，打开"渐变编辑器"

对话框，如图6-81所示。

STEP 3▶ 将渐变设置为从白色到RGB（95、200、255）的渐变效果，如图6-82所示。

◀图6-81　"渐变编辑器"对话框　　　　　　◀图6-82　设置渐变颜色

STEP 4▶ 在画布中按住鼠标左键从下向上拖曳填充，得到的渐变效果如图6-83所示。

STEP 5▶ 执行菜单"视图/显示/网格"命令，在画布上显示网格，如图6-84所示。

STEP 6▶ 选择工具箱中的⬛（钢笔工具），在画布中依次单击绘制一个如图6-85所示的三角形路径。

◀图6-83　填充渐变色　　　　◀图6-84　显示网格　　　　◀图6-85　绘制路径

STEP 7▶ 选择工具箱中的"添加锚点工具"，在路径如图6-86所示的位置单击，添加一个锚点。

> **技 巧**
>
> 添加锚点除了可以使用"添加锚点工具"外，还可以使用"钢笔工具"直接在路径上添加，但前提是要勾选钢笔工具属性栏上的"自动添加/删除"复选框。

STEP 8▶ 使用工具箱中的⬛（转换点工具），在路径左上角锚点上单击并拖动，调整路径效果如图6-87所示。

STEP 9▶ 使用同样的方法，依次调整其他几个锚点，得到的路径效果如图6-88所示。

STEP10▶ 按Ctrl+Enter键将路径转换为选区。设置工具箱中的前景色为RGB（255、0、0），执行菜单"窗口/图层"命令，单击打开的"图层"面板下部的"创建新图层"按钮，新建"图层1"图层。此时，按Alt+Delete键为选区填充颜色，效果如图6-89所示。

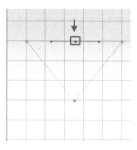
图6-86　添加锚点

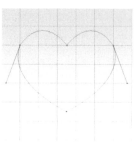
图6-87　转换

图6-88　调整

图6-89　填充

技巧

在调整路径时，每个锚点都由两个控制轴控制，在按住Alt键的同时操作单个控制轴，可以实现对单个控制轴的控制。

STEP11 执行菜单"视图/显示/网格"命令，将网格隐藏。按住Ctrl键的同时单击"图层1"图层，将选区调出。选择工具箱中的"渐变工具"，单击"渐变预览条"，在打开的"渐变编辑器"对话框中设置从白色到透明的渐变，如图6-90所示。

STEP12 新建"图层2"图层，并在该图层上从上向下拖曳，效果如图6-91所示。

STEP13 执行菜单"编辑/自由变换"命令，按住Shift键和Alt键对图形进行缩放，效果如图6-92所示。

图6-90　"渐变编辑器"对话框

图6-91　填充渐变

图6-92　变换

技巧

按住Shift键缩放对象，可以保证是按照比例缩放；按住Alt键缩放对象，可以保证是中心缩放。

STEP14 在控制框内双击，完成缩放。执行菜单"滤镜/模糊/高斯模糊"命令，设置打开的"高斯模糊"对话框中的"半径"值为15像素，如图6-93所示。

STEP15 应用"高斯模糊"命令后的效果如图6-94所示。

STEP16 选择工具箱中的▣（椭圆工具），单击属性栏上的"填充像素"按钮，新建"图层3"图层，在画布中绘制一个如图6-95所示的椭圆。

图6-93 "高斯模糊"对话框

图6-94 模糊效果

图6-95 绘制椭圆

STEP17 执行菜单"滤镜/模糊/高斯模糊"命令，设置高斯模糊半径值为46像素，模糊效果如图6-96所示。

STEP18 执行两次"图层/向下合并"菜单命令，选择工具箱中的"移动工具"，按住Alt键拖动图形，复制一个图形，执行菜单"编辑/自由变换"命令，单击鼠标右键，在弹出的菜单中选择"垂直翻转"命令，效果如图6-97所示。

STEP19 单击"图层"面板下面的"添加图层蒙版"按钮，为"图层1副本"图层添加图层蒙版，选择工具箱中的▣（渐变工具），将渐变颜色设置为从白色到黑色的渐变，在蒙版上从上向下拖曳，如图6-98所示。

图6-96 模糊效果

图6-97 复制

图6-98 蒙版1

STEP20 添加蒙版的效果如图6-99所示。

STEP21 此时的"图层"面板如图6-100所示。

STEP22 至此本例制作完毕，效果如图6-101所示。

图6-99 蒙版2

图6-100 "图层"面板

图6-101 最终效果

| 实例60　自由钢笔工具 🔍

实例 ▶ **目的** 📝

通过制作如图6-102所示的流程效果图，了解"自由钢笔工具"的应用。

◢ 图6-102　流程图

实例 ▶ **重点** 📝

★　使用"自由钢笔工具"绘制任意形状的路径；

★　使用画笔描绘路径功能；

★　调整自由变换对象中心点。

扫一扫

微课视频

实例 ▶ **步骤** 📝

STEP 1 执行菜单"文件/新建"命令，打开"新建"对话框，设置"名称"为"自由钢笔工具"、"宽度"为"850像素"、"高度"为"360像素"、"分辨率"为"72像素/英寸"，如图6-103所示。

STEP 2 选择工具箱中的 ✐（自由钢笔工具），在画布中绘制如图6-104所示的路径。

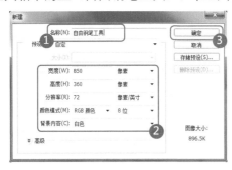

◢ 图6-103　"新建"对话框

◢ 图6-104　绘制路径

技 巧

为了保证最后的效果，在绘制路径时注意要从外向内绘制，否则最后的效果将是相反的。

STEP 3 选择工具箱中的 ✐（画笔工具），单击其属性栏上的"切换画笔面板"按钮 🖾，打开"画笔"面板，设置"画笔笔尖形状"如图6-105所示。

STEP 4 勾选"形状动态"复选框，设置"大小抖动"的"控制"下的"渐隐"值为30，如图6-106所示。

◀ 图6-105 "画笔"面板1

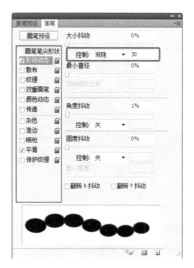
◀ 图6-106 "画笔"面板2

STEP 5 设置工具箱中的前景色为RGB（0、175、235）。执行菜单"窗口/路径"命令，打开
"路径"面板。

STEP 6 单击面板下部的"用画笔描边路径"按钮 ○ ，如图6-107所示。

STEP 7 得到的描边效果如图6-108所示。

STEP 8 确认路径被选中，执行菜单"编辑/自由变换路径"命令，调整变换中心点到如图6-109
所示的位置。

◀ 图6-107 描边路径

◀ 图6-108 描边效果

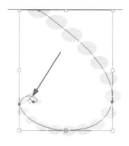
◀ 图6-109 变换路径

STEP 9 调整路径大小并旋转到如图6-110所示的位置。

STEP10 选择工具箱中的 ▨（画笔工具），设置工具箱中的前景色为RGB（92、87、167）。单击
"路径"面板上的"用画笔描边路径"按钮，得到的效果如图6-111所示。

◀ 图6-110 调整路径

◀ 图6-111 描边路径

STEP11 使用同样的方法制作如图6-112所示的效果。

STEP12 至此本例制作完毕，效果如图6-113所示。

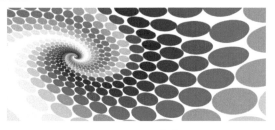

◀ 图6-112　描边

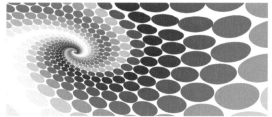

◀ 图6-113　最终效果

实例61　路径面板 🔍 ➡

实例 目的

通过制作如图6-114所示的效果图，了解"路径"面板的使用方法。

实例 重点

★ 使用"钢笔工具"绘制直线路径；

★ 在"路径"面板中为路径描边；

★ 通过"画笔"面板为画笔设置基本属性。

扫一扫

微课视频

◀ 图6-114　效果图

实例 步骤

STEP 1 打开附赠资源中的"素材文件/第6章/花"素材，将其作为背景，如图6-115所示。

STEP 2 选择工具箱中的 🖋（钢笔工具），在属性栏上选择"路径"选项，如图6-116所示。

◀ 图6-115　素材

◀ 图6-116　属性栏

STEP 3 在图像上分别单击，创建一个如图6-117所示的路径。

STEP 4 选择工具箱中的 ，单击其属性栏上的"切换画笔面板"按钮![]，打开"画笔"面板，如图6-118所示。

图6-117 创建路径

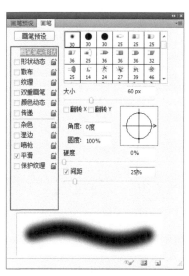

图6-118 "画笔"面板1

技 巧

这里绘制路径的方向很重要，直接取决于最后制作的流星的方向。读者要按照提示进行绘制。

STEP 5 勾选"传递"复选框，在"不透明度抖动"选项下的"控制"下拉列表中选择"渐隐"选项，设置"渐隐"值为60，如图6-119所示。

STEP 6 设置 的前景色为白色，"主直径"值为25，执行菜单"窗口/路径"命令，打开"路径"面板，如图6-120所示。

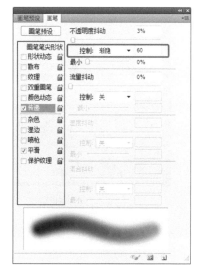

图6-119 "画笔"面板2

图6-120 "路径"面板

STEP 7 单击"路径"面板下面的"用画笔描边路径"按钮 ○ ，如图6-121所示。

STEP 8 得到的描边路径效果如图6-122所示。

◄ 图6-121　描边

◄ 图6-122　描边路径效果

技 巧

在"路径"面板中单击右上角的小三角形按钮，在弹出的菜单中选择"描边路径"或"填充路径"命令，都会打开一个对话框，可在其中根据需要进行设置。

STEP 9 重新设置"画笔"面板中"不透明度抖动"选项下"控制"下拉列表中的"渐隐"值为40，如图6-123所示。

STEP10 设置"画笔工具"的"主直径"值为40，再次单击"路径"面板上的"用画笔描边路径"按钮 ○ ，得到的描边路径效果如图6-124所示。

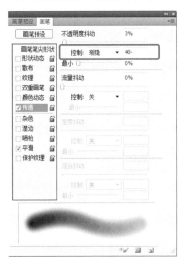

◄ 图6-123　"画笔"面板

◄ 图6-124　描边效果

STEP11 执行菜单"滤镜/渲染/镜头光晕"命令，设置打开的"镜头光晕"对话框如图6-125所示。

STEP12 设置完毕后单击"确定"按钮，最终效果如图6-126所示。

▣ 图6-125 "镜头光晕"对话框

▣ 图6-126 最终效果

┃本章练习与小结 🔍 ➡

练习

使用"钢笔工具"对下图中的人物进行抠图。

习题

1. 按哪个快捷键可以通过复制新建一个图层？（　　）

　A. Ctrl+L 　　　　　B. Ctrl+C 　　　　　C. Ctrl+J 　　　　　D. Shift+Ctrl+X

2. 填充图层和调整图层具有以下哪两种相同选项？（　　）

　A. 不透明度 　　　　B. 混合模式 　　　　C. 图层样式 　　　　D. 颜色

3. 下面哪几个功能不能应用于智能对象？（　　）

　A. 绘画工具 　　　　B. 滤镜 　　　　　　C. 图层样式 　　　　D. 填充颜色

4. 以下哪几个功能可以将文字图层转换成普通图层？（　　）

　A. 栅格化图层 　　　B. 栅格化文字 　　　C. 栅格化/图层 　　　D. 栅格化/所有图层

5. 路径类工具包括以下哪两类工具？（　　）

　A. 钢笔工具 　　　　B. 矩形工具 　　　　C. 形状工具 　　　　D. 多边形工具

6. 以下哪个工具可以选择一个或多个路径？（　　）

　　A. 直接选择工具　　　　B. 路径选择工具　　　　　C. 移动工具　　　　　　　D. 转换点工具

7. 以下哪个工具可以激活"填充像素"？（　　　）

　　A. 多边形工具　　　　　B. 钢笔工具　　　　　　　C. 自由钢笔工具　　　　　D. 圆角矩形工具

8. 使用以下哪个命令可以制作无背景图像？（　　）

　　A. 描边路径　　　　　　B. 填充路径　　　　　　　C. 剪贴路径　　　　　　　D. 储存路径

小结

　　对图层进行操作可以说是Photoshop中使用最为频繁的一项工作。通过建立图层，然后在各个图层中分别编辑图像中的各个元素，可以产生既富有层次，又彼此关联的整体图像效果。所以在编辑图像的同时图层是必不可缺的。

　　Photoshop CS6中的路径指的是在文档中使用钢笔工具或形状工具创建的贝塞尔曲线轮廓，路径可以是直线、曲线或者是封闭的形状轮廓，多用于自行创建的矢量图形或对图像的某个区域进行精确抠图。路径不能够打印输出，只能存放于"路径"面板中。

第7章

Photoshop CS6

| 蒙版与通道

本章为大家讲解Photoshop中蒙版和通道的使用。作为Photoshop的学习者来说，能够掌握蒙版和通道的知识是自己在该软件中是否进阶的保证。本章通过实例的方式讲解关于蒙版和通道在实际应用中的作用和操作技巧。

| 本章重点

- 渐变蒙版
- 快速蒙版
- 画笔编辑蒙版
- 橡皮擦编辑蒙版
- 选区蒙版图像合成
- 在通道中调出图像选区

- 通道调整图像
- 通道抠图
- 通道应用滤镜

实例62　渐变蒙版 🔍

实例 ▶ 目的

通过制作如图7-1所示的流程效果图，了解"渐变蒙版"的应用。

▣ 图7-1　流程图

扫一扫

微课视频

实例 ▶ 重点

✸　"添加图层蒙版"的应用；　　✸　"渐变工具"的应用。

实例 ▶ 步骤

STEP 1 ▶ 打开附赠资源中的"素材文件/第7章/海景1和海景2"素材，如图7-2和7-3所示。

▣ 图7-2　素材1　　　　　　　　　　　▣ 图7-3　素材2

STEP 2 ▶ 将"海景2"素材中的图像拖动到"海景1"素材中，如图7-4所示。

STEP 3 ▶ 单击"图层"面板上的"添加图层蒙版"按钮 ▣ ，为"图层1"图层添加图层蒙版，如图7-5所示。

▣ 图7-4　移动图像　　　　▣ 图7-5　添加图层蒙版

> **技　巧**
>
> 在蒙版状态下可以反复修改蒙版，以产生不同的效果。渐变的范围决定了遮挡的范围，黑白的深浅决定了遮挡的程度。按住Shift键单击图层蒙版，可以临时关闭图层蒙版，再次单击图层蒙版则可重新打开图层蒙版。

STEP 4 选择工具箱中的▣（渐变工具），设置前景色为黑色，背景色为白色，设置"渐变样式"为"线性渐变"，"渐变类型"为"从前景色到背景色"，在图层蒙版上按住鼠标左键由下到上拖动填充渐变，如图7-6所示。

STEP 5 至此本例制作完毕，效果如图7-7所示。

◁ 图7-6 编辑蒙版　　　　　　　　　　　◁ 图7-7 最终效果

技 巧

在图层蒙版上应用了渐变效果，其实填充的并不是颜色，而是遮挡范围。

技 巧

在蒙版中使用▣（渐变工具）进行编辑时，渐变距离越远，过渡效果也就越平缓，如图7-8所示。

从黑色到白色渐变

◁ 图7-8 渐变编辑蒙版

实例63 快速蒙版

实例 目的

通过制作如图7-9所示的流程效果图，了解"快速蒙版"的应用。

◁ 图7-9 流程图

实例 ▶ 重点

　★ "钢笔工具"的应用；　★ "以快速蒙版模式编辑"和"以标准

模式编辑"的应用。

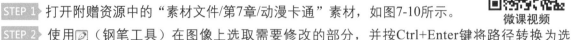
扫一扫

微课视频

实例 ▶ 步骤

STEP 1▶ 打开附赠资源中的"素材文件/第7章/动漫卡通"素材，如图7-10所示。

STEP 2▶ 使用 （钢笔工具）在图像上选取需要修改的部分，并按Ctrl+Enter键将路径转换为选区，如图7-11所示。

STEP 3▶ 选择工具箱中的"以快速蒙版模式编辑"按钮 ，进入快速蒙版状态，如图7-12所示。

STEP 4▶ 再使用 （缩放工具）将图像放大。此时，使用 （画笔工具）在图像上进行添加蒙版区和减少蒙版区的操作，如图7-13所示。

◀ 图7-10　素材

◀ 图7-11　创建选区

◀ 图7-12　快速蒙版

◀ 图7-13　编辑快速蒙版

技 巧

多次调整画笔的大小，才能够将图像的精细部分抠出，使抠出的图像更加完美。

STEP 5▶ 黑色为增加蒙版区，白色为减少蒙版区，"通道"面板如图7-14所示。

STEP 6▶ 也可以使用工具箱中的 （橡皮擦工具）来进行编辑，与使用"画笔工具"刚好相反，黑色为减少蒙版区，白色为增加蒙版区。双击"快速蒙版模式编辑"按钮 ，打开"快速蒙版选项"对话框，在此对话框中对蒙版颜色以及色彩指示进行设置，如图7-15所示。

STEP 7▶ 对选区进行精确修整后，效果如图7-16所示。

◀ 图7-14　"通道"面板

◀ 图7-15　"快速蒙版选项"对话框

◀ 图7-16　更改蒙版颜色

STEP 8▶ 打开附赠资源中的"素材文件/第7章/场景"素材，如图7-17所示。

STEP 9 执行菜单"编辑/拷贝"命令，拷贝选区中的图像，此时，转换到场景图像中，执行菜单"编辑/粘贴"命令，粘贴拷贝的图像，即可将两个图像完美地合成在一起。至此本例制作完毕，效果如图7-18所示。

◀ 图7-17 素材

◀ 图7-18 最终效果

实例64 画笔编辑蒙版 🔍 ➡

实例 目的 🖋

通过制作如图7-19所示的流程效果图，了解 ✏ （画笔工具）编辑"图层蒙版"在本例中的应用。

◀ 图7-19 流程图

实例 重点 🖋

✦ 在图像中创建封闭选区并将其移动到另一个文件中；

✦ 为图层添加蒙版并使用 ✏ （画笔工具）对蒙版进行编辑。

扫一扫

微课视频

实例 步骤 🖋

STEP 1 打开附赠资源中的"素材文件/第7章/金字塔和雪山绿地"素材，如图7-20所示。

◀ 图7-20 素材

STEP 2 使用 ⬭ （套索工具）在"雪山绿地"素材中创建一个封闭选区，如图7-21所示。

STEP 3 使用 ⊕ （移动工具）拖动选区内的图像到"金字塔"文件中，在"图层"面板中会自动得到一个"图层1"图层，按Ctrl+T键调出变换框，拖动控制点将图像缩小并拉长，如图7-22所示。

◁ 图7-21 创建选区　　　　　　　　◁ 图7-22 移动

STEP 4 按Enter键确定，单击"添加图层蒙版"按钮，"图层1"会被添加一个空白蒙版，使用 ☑ （画笔工具），设置前景色为"黑色"、"不透明度"为36%，在"图层1"顶部进行涂抹，为其添加蒙版效果，如图7-23所示。

STEP 5 使用 ☑ （画笔工具）在边缘处进行反复涂抹，直至得到最理想的效果。至此本例制作完毕，效果如图7-24所示。

◁ 图7-23 添加蒙版　　　　　　　　◁ 图7-24 最终效果

实例65　橡皮擦编辑蒙版 🔍

实例 ▶ 目的

通过制作如图7-25所示的流程效果图，了解 ☑ （橡皮擦工具）编辑"图层蒙版"在本例中的应用。

◁ 图7-25 流程图

实例 ▶ 重点

★　在图像中创建封闭选区并将其移动到另一个文件中；

★ 为图层添加蒙版并使用 🖊（橡皮擦工具）对蒙版进行编辑。

扫一扫

微课视频

实例 步骤 📝

STEP 1 执行菜单"文件/打开"命令或按Ctrl+O键，打开附赠资源中的"素材文件/第7章/胶囊和楼"素材，如图7-26所示。

STEP 2 使用 🖊（移动工具）拖动"楼"中的图像到"胶囊"文件中，此时"楼"中的图像会出现在"胶囊"文件中的"图层1"中，按Ctrl+T键调出变换框，拖动控制点将图像缩小，如图7-27所示。

图7-26 素材　　　　　　　　　　　　　　　图7-27 变换

STEP 3 调整完毕后按Enter键确定。执行菜单"图层/蒙版/显示全部"命令，此时在"图层1"上便会出现一个白色蒙版缩略图，将背景色设置为"黑色"，选择 🖊（橡皮擦工具），设置相应的橡皮擦画笔的"大小"和"硬度"，如图7-28所示。

STEP 4 设置"混合模式"为"变暗"。使用 🖊（橡皮擦工具）在图像中涂抹，此时Photoshop会自动对空白蒙版进行编辑，效果如图7-29所示。

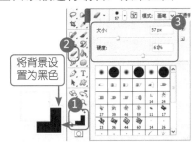
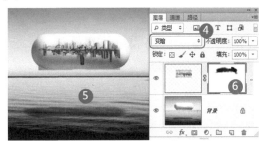

图7-28 设置橡皮擦　　　　　　　　　　　图7-29 橡皮擦编辑蒙版1

STEP 5 反复调整橡皮擦画笔的大小和硬度，在蒙版中进行更加细致的处理，编辑过程如图7-30所示。

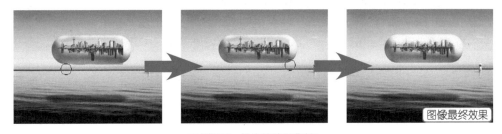

图7-30 橡皮擦编辑蒙版2

STEP 6 ▶ 图像编辑完毕后，会发现蒙版已经出现了一个黑白对比的效果，如图7-31所示。

STEP 7 ▶ 至此本例制作完成，效果如图7-32所示。

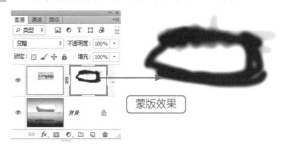

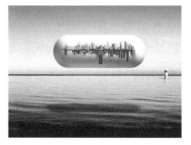

◀ 图7-31　蒙版图　　　　　　　　　　　　　　　　　　◀ 图7-32　最终效果

实例66　选区蒙版图像合成　🔍

实例　目的

通过制作如图7-33所示的流程效果图，了解通过选区编辑蒙版进行"图像合成"的应用。

◀ 图7-33　流程图

实例　重点

★　使用▨（魔棒工具）调出背景选区；

★　使用▨（多边形套索工具）添加选区；

★　添加蒙版；

★　应用"色相/饱和度"和"亮度/对比度"命令调整图像的色调和亮度；

★　绘制羽化选区；

★　设置图层"混合模式"。

实例　步骤

STEP 1 ▶ 打开附赠资源中的"素材文件/第7章/月夜和建筑2"素材，如图7-34和图7-35所示。

STEP 2 ▶ 使用▣（移动工具）将"建筑2"素材拖动到"月夜"素材中，选择▨（魔棒工具），设置"容差"为65，勾选"连续"复选框，在蓝色背景上单击调出选区，如图7-36所示。

◀ 图7-34　"月夜"素材　　　　　◀ 图7-35　"建筑2"素材　　　　　◀ 图7-36　调出选区

STEP 3 使用 ⬚（多边形套索工具）按住Shift键在城堡的左侧边缘创建选区，将其添加到现有选区中，如图7-37所示。

STEP 4 按Ctrl+Shift+I键将选区反选，再单击"图层"面板上的"添加图层蒙版"按钮 ⬚ ，为"图层1"图层添加图层蒙版，按Ctrl+T键调出变换框，拖动控制点将图像缩小，如图7-38所示。

图7-37　添加选区

图7-38　变换

STEP 5 按Enter键确定，选择图像缩略图。执行菜单"图像/调整/色相/饱和度"命令，打开"色相/饱和度"对话框，设置"色相"为175、"饱和度"为-65、"明度"为-6，如图7-39所示。

STEP 6 设置完毕后单击"确定"按钮，效果如图7-40所示。

STEP 7 执行菜单"图像/调整/亮度/对比度"命令，打开"亮度/对比度"对话框，设置"亮度"为-25、"对比度"为50，如图7-41所示。

图7-39　"色相/饱和度"对话框

图7-40　调整色调

图7-41　"亮度/对比度"对话框

STEP 8 设置完毕后单击"确定"按钮，效果如图7-42所示。

STEP 9 新建"图层2"，将前景色设置为"深蓝色"，选择 ⬚（套索工具），单击"添加到选区"按钮，设置"羽化"为10，使用 ⬚（套索工具）在城堡的阴面创建选区，按Alt+Delete键填充前景色，效果如图7-43所示。

图7-42　调整亮度

图7-43　添加选区

STEP10 按Ctrl+D键取消选区，再设置"混合模式"为"强光"，效果如图7-44所示。

STEP11 至此本例制作完毕，效果如图7-45所示。

◁ 图7-44　混合模式　　　　　　　　◁ 图7-45　最终效果

实例67　在通道中调出图像选区

实例　目的

通过制作如图7-46所示的流程效果图，了解如何在通道中调出图像选区。

◁ 图7-46　流程图

实例　重点

★ "文字工具"的应用；　　★ "存储选区"菜单命令的应用；

★ "将通道作为选区载入"按钮的应用。

扫一扫

微课视频

实例　步骤

STEP 1 打开附赠资源中的"素材文件/第7章/绿地"素材，如图7-47所示。

STEP 2 使用工具箱中的 ⊤（横排文字工具）在图像上输入文字，效果如图7-48所示。

STEP 3 按住Ctrl键单击文字图层缩览图，调出文字选区，执行菜单"选择/存储选

◁ 图7-47　素材　　　　◁ 图7-48　输入文字

区"命令，打开"存储选区"对话框，其中的参数设置如图7-49所示。

STEP 4 设置完毕后单击"确定"按钮，将选区存储在通道中，按Ctrl+D键取消选区，如图7-50所示。

STEP 5 在"通道"面板中选择"文字选区"通道，单击"将通道作为选区载入"按钮 ，调出该通道的选区，如图7-51所示。

图7-49 "存储选区"对话框

图7-50 存储选区

图7-51 调出选区

STEP 6 单击"通道"面板上的RGB通道，返回"图层"面板，单击"图层"面板上的"创建新图层"按钮 ，新建"图层1"图层，并将其拖动到"背景"图层上方，执行菜单"编辑/描边"命令，设置描边"宽度"为3像素，"颜色"为RGB（255、255、255），"位置"为"居中"，如图7-52所示。

STEP 7 设置完毕后单击"确定"按钮，按Ctrl+D键取消选区。至此本例制作完毕，效果如图7-53所示。

图7-52 "描边"对话框

图7-53 最终效果

实例68 通道调整图像

实例 目的

通过制作如图7-54所示的流程效果图，了解如何在通道中对图像进行调整。

图7-54 流程图

实例 ▶ **重点** ✍

✦ 使用"分离通道"命令对通道进行分离；   ✦ 使用"合并通道"命令
对通道进行合并。

扫一扫

微课视频

实例 ▶ **步骤** ✍

STEP 1 ▶ 打开附赠资源中的"素材文件/第7章/锦盒"素材，如图7-55所示。

STEP 2 ▶ 执行菜单"窗口/通道"命令，打开"通道"面板，单击其右上角的打开按钮，在打开的下拉菜单中选择"分离通道"命令，如图7-56所示。

◀ 图7-55　素材

◀ 图7-56　通道面板菜单

STEP 3 ▶ 选择"分离通道"命令后，将图像分离成红、绿、蓝3个单独的通道，效果如图7-57所示。

"红"通道

"绿"通道

"蓝"通道

◀ 图7-57　分离通道

STEP 4 ▶ 在"通道"面板中，单击其右上角的打开按钮，在打开的下拉菜单中选择"合并通道"命令，如图7-58所示。

STEP 5 ▶ 选择"合并通道"命令后，打开"合并通道"对话框，在"模式"下拉列表中选择"RGB颜色"选项，设置"通道"数为3，如图7-59所示。

STEP 6 ▶ 设置完毕后单击"确定"按钮，打开"合并RGB通道"对话框，其中的各项参数设置如图7-60所示。

◀ 图7-58　选择命令

◀ 图7-59　"合并通道"对话框

◀ 图7-60　"合并RGB通道"对话框

STEP 7 设置完毕后单击"确定"按钮，完成通道的合并，效果如图7-61所示。在"合并RGB通道"对话框中的3个指定通道的顺序是可以任意设置的，顺序不同，图像颜色合并的效果也不尽相同，如图7-62所示。分别保存本文件，至此本例制作完毕。

图7-61 合并效果

图7-62 最终效果

实例69 通道抠图

实例 目的

通过制作如图7-63所示的效果图，了解通道抠图在本例中的应用。

实例 重点

★ 复制通道；
★ 应用"色阶"命令调整黑白对比度；
★ 调出选区并转换到"图层"面板中复制选区内容；
★ 通过（套索工具）和"亮度/对比度"命令调亮图像局部。

图7-63 效果图

扫一扫

微课视频

实例 步骤

STEP 1 打开附赠资源中的"素材文件/第7章/猫咪"素材，如图7-64所示。

STEP 2 执行菜单"窗口/通道"命令，打开"通道"面板，拖动白色较明显的"红"通道到"创建新通道"按钮上，得到"红副本"通道，如图7-65所示。

STEP 3 执行菜单"图像/调整/色阶"命令，打开"色阶"对话框，其中的参数设置如图7-66所示。

图7-64 素材

图7-65 复制通道

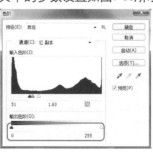

图7-66 "色阶"对话框

STEP 4 设置完毕后单击"确定"按钮，效果如图7-67所示。

STEP 5 使用▱（套索工具）在猫咪的眼睛处和猫咪趴着的位置创建选区，并填充白色，效果如图7-68所示。

STEP 6 按住Ctrl键的同时单击"红副本"通道，调出选区，转换到"图层"面板中，按Ctrl+J键得到一个"图层1"，效果如图7-69所示。

◁ 图7-67　色阶调整效果　　　　◁ 图7-68　填充白色　　　　◁ 图7-69　调出选区并复制

STEP 7 在"图层1"的下面新建"图层2"，并将其填充为"淡蓝色"，效果如图7-70所示。

STEP 8 选择"图层1"，使用▱（套索工具），设置"羽化"为15像素，在猫咪的边缘创建选区，如图7-71所示。

◁ 图7-70　填充　　　　　　　　　　◁ 图7-71　创建选区

STEP 9 执行菜单"图像/调整/亮度/对比度"命令，打开"亮度/对比度"对话框，设置"亮度"为150、"对比度"为-41，如图7-72所示。

STEP10 设置完毕后单击"确定"按钮，此时会发现边缘效果还是不理想，所以使用▱（套索工具）在猫咪的边缘创建选区，效果如图7-73所示。

STEP11 执行菜单"图像/调整/亮度/对比度"命令，打开"亮度/对比度"对话框，设置"亮度"为95、"对比度"为23，如图7-74所示。

STEP12 设置完毕后单击"确定"按钮，依次在边缘上创建选区并将其调亮。至此本例制作完毕，效果如图7-75所示。

◁ 图7-72　"亮度/对比度"对话框　　◁ 图7-73　创建选区　　◁ 图7-74　"亮度/对比度"对话框　　◁ 图7-75　最终效果

实例70 通道应用滤镜

实例 目的

通过制作如图7-76所示的效果图，了解如何在通道中运用滤镜。

实例 重点

★ 新建通道并创建选区；

★ 使用"喷溅"滤镜制作撕边效果。

扫一扫

微课视频

◢ 图7-76 效果图

实例 步骤

STEP 1 打开附赠资源中的"素材文件/第7章/景色"素材，如图7-77所示。

STEP 2 在工具箱中设置"前景色"为白色，执行菜单"窗口/通道"命令，打开"通道"面板，单击"通道"面板上的"创建新通道"按钮 ◢ ，新建Alpha1通道，选择工具箱中的 ◢ （画笔工具），在Alpha1通道中进行涂抹，如图7-78所示。

◢ 图7-77 素材

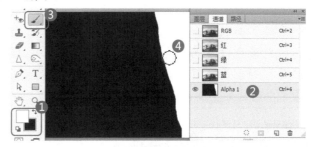

◢ 图7-78 编辑通道

STEP 3 执行菜单"滤镜/滤镜库"命令，在对话框中选择"画笔描边/喷溅"命令，在打开的"喷溅"对话框中，设置"喷色半径"为5、"平滑度"为4，如图7-79所示。

STEP 4 设置完毕后单击"确定"按钮，效果如图7-80所示。

◢ 图7-79 "喷溅"对话框

◢ 图7-80 喷溅效果

STEP 5 按住Ctrl键单击Alpha1通道缩览图，调出该通道选区，转换到"图层"面板中，拖动"背景"图层至"创建新图层"按钮 ◢ 上，复制"背景"图层得到"背景 副本"图层，按Delete键清除选区中的图像，如图7-81所示。

STEP 6 按Ctrl+D键取消选区，选择"背景"图层，按Alt+Delete键将"背景"图层填充前景色，选择"背景 副本"图层，执行菜单"图层/图层样式/投影"命令，在打开的"图层样式"对话框中对"投影"图层样式进行相应的设置，如图7-82所示。

STEP 7 设置完毕后单击"确定"按钮。至此本例制作完毕，效果如图7-83所示。

◀ 图7-81　删除　　　　　　　◀ 图7-82　设置"投影"样式　　　　　◀ 图7-83　最终效果

技 巧

在"通道"面板中，新建Alpha1通道后，将前景色设置为白色，使用"画笔工具"绘制白色区域，白色区域就是图层中的选区范围。

技 巧

进入快速蒙版模式，使用"画笔工具"绘制撕掉的部分，然后返回到标准模式再执行"图层蒙版"命令同样可以出现上面的效果。

本章练习与小结

练习

使用"渐变工具"对图层蒙版进行编辑。

习题

1. Photoshop中存在下面哪几种不同类型的通道？（　　）

　A. 颜色信息通道　　　　B.专色通道　　　　　　C. Alpha通道　　　　　　D. 蒙版通道

2. 向根据Alpha通道创建的蒙版中添加区域，用下面哪个颜色在绘制时更加明显？（　　）

　A. 黑色　　　　　　　　B. 白色　　　　　　　　C. 灰色　　　　　　　　D. 透明色

3. 图像中的默认颜色通道数量取决于图像的颜色模式，如一个RGB图像中至少存在几个颜色通道？（　　）

　A. 1　　　　　　　　　B. 2　　　　　　　　　　C. 3　　　　　　　　　　D. 4

4. 在图像中创建选区后，单击"通道"面板中的 按钮，可以创建一个什么通道？（　　）

　A. 专色　　　　　　　　B. Alpha　　　　　　　C. 选区　　　　　　　　D. 蒙版

小结

　本章全面讲解Photoshop蒙版和通道的应用，内容涉及蒙版和通道的概念、图层蒙版、快速蒙版等。

第8章

Photoshop CS6

丨文字特效的编辑与应用

一幅好的图像作品通常都离不开文字的参与。好的文字可以在设计中起到画龙点睛的作用，下面带领大家学习使用Photoshop对文字特效部分的应用与编辑，使大家了解平面设计中文字的魅力。

丨本章重点 ✦

| 实例71　玉石字 🔍 　　　　　　　　　　　　　　　　➡

实例 ▶ 目的 📝

通过制作如图8-1所示的流程效果图，了解使用"样式"面板添加图层样式在本例中的应用。

◀ 图8-1　流程图

实例 ▶ 重点 🖍

★ 新建文件并填充渐变背景；
★ 通过"高斯模糊"命令制作投影效果；
★ 对图层样式进行相应的调整；

★ 变换图像与设置"混合模式"；
★ 应用"样式"面板快速添加图层样式。

扫一扫

微课视频

实例 ▶ 步骤 📝

STEP 1 ▶ 执行菜单"文件/新建"命令，打开"新建"对话框，参数设置如图8-2所示。

STEP 2 ▶ 设置前景色为"墨绿色"，背景色为"淡绿色"，选择▦（渐变工具），设置"渐变样式"为"线性渐变"，"渐变类型"为"从前景色到背景色"，从左上角向右下角拖动鼠标填充渐变色，如图8-3所示。

STEP 3 ▶ 打开附赠资源中的"素材文件/第8章/龙纹"素材，如图8-4所示。

◀ 图8-2　"新建"对话框

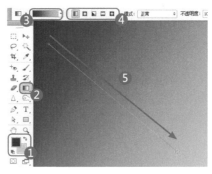

◀ 图8-3　填充渐变色

◀ 图8-4　素材

STEP 4 ▶ 使用▣（移动工具）拖动"龙纹"素材中的图像到新建的文件中，在"图层"面板中会自动得到一个"图层1"图层，设置"混合模式"为"叠加"，"不透明度"为90%，按Ctrl+T键调出变换框，拖动控制点将图像进行适当的缩放，如图8-5所示。

STEP 5 ▶ 按Enter键确定，执行菜单"图层/图层样式/投影"命令，打开"图层样式"对话框，参数设置如图8-6所示。

STEP 6 ▶ 设置完毕后单击"确定"按钮,效果如图8-7所示。

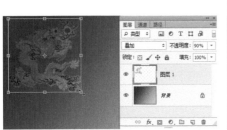

◁ 图8-5　变换　　　　　　　　◁ 图8-6　设置"投影"样式　　　　　　　◁ 图8-7　添加投影

STEP 7 ▶ 打开附赠资源中的"素材文件/第8章/玉壶"素材,如图8-8所示。

STEP 8 ▶ 使用 ⊞ (移动工具)拖动"玉壶"素材中的图像到新建的文件中,在"图层"面板中会自动得到一个"图层2"图层,按Ctrl+T键调出变换框,拖动控制点将图像进行适当的缩放,如图8-9所示。

STEP 9 ▶ 按Enter键确定,复制"图层2"得到"图层2副本"图层,设置"混合模式"为"叠加"、"不透明度"为60%,按Ctrl+T键调出变换框,拖动控制点将图像进行放大,按Enter键确定,如图8-10所示。

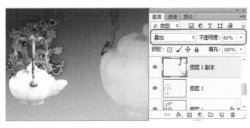

◁ 图8-8　素材　　　　　　◁ 图8-9　变换　　　　　　　　◁ 图8-10　变换副本

STEP10 ▶ 新建"图层3",选择 ⊙ (椭圆选框工具),设置"羽化"为15像素,在页面中绘制一个椭圆选区,按Alt+Delete键填充前景色,如图8-11所示。

STEP11 ▶ 按Ctrl+D键取消选区,执行菜单"滤镜/模糊/高斯模糊"命令,打开"高斯模糊"对话框,设置"半径"为20.5像素,如图8-12所示。

STEP12 ▶ 设置完毕后单击"确定"按钮,调整一下不透明度,按Ctrl+T键调出变换框,按住Ctrl键的同时拖动控制点将图像进行变换,如图8-13所示。

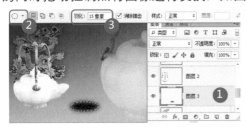
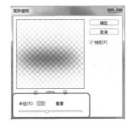

◁ 图8-11　填充选区　　　　◁ 图8-12　"高斯模糊"对话框　　　　◁ 图8-13　变换

STEP13 按Enter键确定后，完成背景的制作，效果如图8-14所示。

STEP14 背景制作完毕后，下面来讲解文字特效的制作，首先使用"文字工具"在页面中输入一个文字"玉"，如图8-15所示。

STEP15 打开"样式"面板，在其中选择"蓝色玻璃"选项，为文字添加图层样式，如图8-16所示。

◁ 图8-14　背景　　　　　　　　◁ 图8-15　输入文字　　　　　　◁ 图8-16　添加样式

STEP16 在"图层"面板中的文字图层内的图层样式上双击，如图8-17所示。

STEP17 单击图层样式后，可以打开相对应的"图层样式"对话框，对其中的参数进行相应的调整，依次调整"内发光""斜面和浮雕""等高线""颜色叠加"和"渐变叠加"等图层样式，如图8-18至图8-22所示。

◁ 图8-17　图层样式　　　　◁ 图8-18　设置"内发光"样式　　◁ 图8-19　设置"斜面和浮雕"样式

◁ 图8-20　设置"等高线"样式　　◁ 图8-21　设置"颜色叠加"样式　　◁ 图8-22　设置"渐变叠加"样式

STEP18 设置完毕后再执行菜单"图层/图层样式/投影"命令，打开"图层样式"对话框，参数设置如图8-23所示。

STEP19 设置完毕后单击"确定"按钮，再使用 T（横排文字工具）选择自己喜欢的文字字体、文字大小和文字颜色后，在页面中输入相应的文字。至此本例制作完毕，效果如图8-24所示。

图8-23 设置"投影"样式

图8-24 最终效果

实例72 超强立体字

实例 目的

通过制作如图8-25所示的流程效果图,了解"键盘复制"命令在本例中的应用。

图8-25 流程图

实例 重点

★ 新建文件,应用"云彩""铬黄渐变"和"光照效果"命令制作初步背景;

★ 打开素材调出文字选区,将选区内的素材复制备用;

★ 应用"变换"命令变换图像;

★ 为文字添加"斜面和浮雕""渐变叠加"图层样式;

★ 按住Alt键再按下方向键进行复制;

★ 通过"亮度/对比度"命令调整图像像素的亮度。

扫一扫

微课视频

实例 步骤

STEP 1 执行菜单"文件/新建"命令,打开"新建"对话框,参数设置如图8-26所示。

STEP 2 设置前景色为"白色",背景色为"土灰色",执行菜单"滤镜/渲染/云彩"命令,得到如图8-27所示的效果。

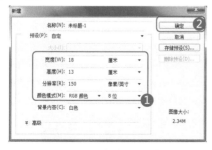

图8-26 "新建"对话框

图8-27 云彩

STEP 3 执行菜单"滤镜/滤镜库"命令，在对话框中选择"素描/铬黄"命令，打开"铬黄渐变"对话框，设置"细节"为7、"平滑度"为6，如图8-28所示。

STEP 4 设置完毕后单击"确定"按钮，效果如图8-29所示。

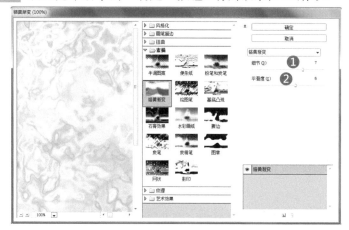

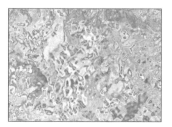

图8-28 "铬黄渐变"对话框   图8-29 添加铬黄渐变效果

STEP 5 执行菜单"滤镜/渲染/光照效果"命令，打开"光照效果"属性面板，拖动左边的光源控制点调整光照方向，再设置相应的参数，如图8-30所示。

STEP 6 设置完毕后单击"确定"按钮，效果如图8-31所示。

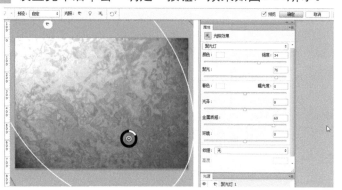

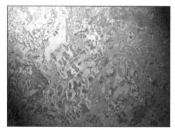

图8-30 "光照效果"属性面板   图8-31 添加光照效果

STEP 7 执行菜单"图像/调整/亮度/对比度"命令，打开"亮度/对比度"对话框，设置"亮度"为-2、"对比度"为21，如图8-32所示。

STEP 8 设置完毕后单击"确定"按钮，效果如图8-33所示。

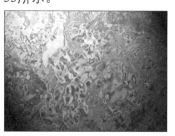

图8-32 "亮度/对比度"对话框   图8-33 亮度/对比度效果

STEP 9 在"图层"面板中单击"创建新的填充或调整图层"按钮,在弹出的菜单中选择"渐变映射"命令,如图8-34所示。

STEP10 选择"渐变映射"命令后,系统会打开"渐变映射"属性面板,单击"渐变颜色条",打开"渐变编辑器"对话框,设置渐变颜色从左到右依次为黑色、橙色、黄色和白色,如图8-35所示。

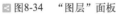

◁ 图8-34 "图层"面板

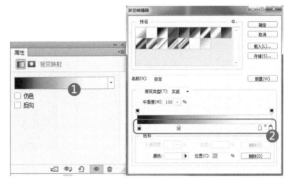

◁ 图8-35 编辑渐变

STEP11 设置完毕后单击"确定"按钮,效果如图8-36所示。

STEP12 选择"背景"图层,执行菜单"图像/调整/曲线"命令,打开"曲线"对话框,调整曲线上的控制点,如图8-37所示。

◁ 图8-36 添加渐变映射

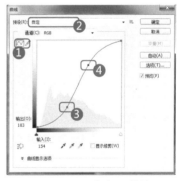

◁ 图8-37 "曲线"对话框

STEP13 设置完毕后单击"确定"按钮,至此本例的背景部分制作完毕,效果如图8-38所示。

STEP14 下面讲解超强立体字的制作过程,打开附赠资源中的"素材文件/第8章/纹理- FlakedMetal"素材,如图8-39所示。

STEP15 使用T(横排文字工具)在页面中输入文字"凤凰",按住Ctrl键单击文字图层的缩略图,调出选区,如图8-40所示。

◁ 图8-38 背景

◁ 图8-39 素材

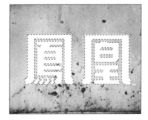

◁ 图8-40 输入文字并调出选区

STEP16 选择素材文件的背景图层，按Ctrl+C键复制选区内容，再转换到新建的文件中，按Ctrl+V键将复制的像素粘贴到新建文件中并得到"图层1"，如图8-41所示。

STEP17 执行菜单"滤镜/渲染/光照效果"命令，打开"光照效果"属性面板，拖动左边的光源控制点调整光照方向，再设置相应的参数值，如图8-42所示。

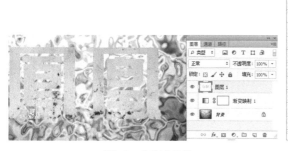

图8-41　复制并粘贴　　　　　　　　　　　图8-42　"光照效果"属性面板

STEP18 设置完毕后单击属性栏中的"确定"按钮，效果如图8-43所示。

STEP19 按Ctrl+T键调出变换框，按住Ctrl键拖动控制点，对文字图像进行扭曲变换，如图8-44所示。

图8-43　添加光照　　　　　　　　　　　图8-44　变换

STEP20 执行菜单"图层/图层样式/斜面和浮雕"命令，打开"图层模式"对话框，参数设置如图8-45所示。

STEP21 在"斜面和浮雕"对话框的左侧勾选"等高线"复选框，打开"图层样式"对话框，参数设置如图8-46所示。

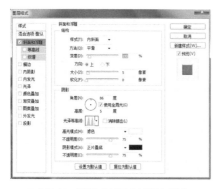 

图8-45　设置"斜面和浮雕"样式　　　　　　　图8-46　设置"等高线"样式

STEP22 在"等高线"对话框的左侧勾选"渐变叠加"复选框,打开"图层样式"对话框,参数设置如图8-47所示。

STEP23 设置完毕后单击"确定"按钮,效果如图8-48所示。

图8-47 设置"渐变叠加"样式

图8-48 添加图层样式效果

STEP24 新建"图层2",按住Shift键将"图层2"和"图层1"一同选取,按Ctrl+E键将其合并,如图8-49所示。

STEP25 按住Alt键的同时单击向上键24次得到25个向上复制一个像素的图层图像,效果如图8-50所示。

图8-49 合并

图8-50 复制

STEP26 将"图层2"至"图层2副本26"一同选取,按Ctrl+E键将其合并为一个图层,执行菜单"图像/调整/亮度/对比度"命令,打开"亮度/对比度"对话框,设置"亮度"为-150、"对比度"为100,如图8-51所示。

STEP27 设置完毕后单击"确定"按钮,效果如图8-52所示。

图8-51 "亮度/对比度"对话框

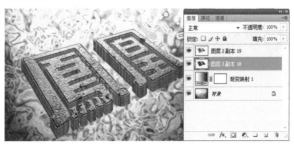

图8-52 调整亮度

STEP28 按住Ctrl键的同时单击"图层2副本27"图层的缩略图，调出选区，再选择"背景"图层，如图8-53所示。

STEP29 按住Ctrl+J键将选区内的图像复制到新建"图层1"中，设置"混合模式"为"点光"，如图8-54所示。

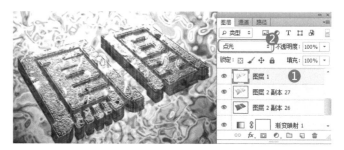

图8-53　调出选区　　　　　　　　　　　　　　　图8-54　混合模式

STEP30 选择"图层2副本27"图层，执行菜单"图像/调整/亮度/对比度"命令，打开"亮度/对比度"对话框，设置"亮度"为92、"对比度"为19，如图8-55所示。

STEP31 设置完毕后单击"确定"按钮，再使用文字工具输入其他相应的文字。至此本例制作完毕，效果如图8-56所示。

图8-55　"亮度/对比度"对话框　　　　　　　　　图8-56　最终效果

实例73　特效边框字

实例 目的

通过制作如图8-57所示的流程效果图，了解"分层云彩"命令的应用。

图8-57　流程图

实例 重点

★ 使用"横排文字工具"输入文字；　　　　★ 使用"分层云彩"命令制作效果；

✦ 使用图层"混合模式""色阶"和"曲线"命令调整图像。

扫一扫

微课视频

实例 **步骤**

STEP 1 ▶ 执行菜单"文件/新建"命令,打开"新建"对话框,参数设置如图8-58所示。

STEP 2 ▶ 打开"图层"面板,在"图层"面板上单击"创建新图层"按钮 ◢ ,新建"图层1"图层,在工具箱中设置"前景色"颜色值为RGB(255、255、255),按Alt+Delete键填充前景色,如图8-59所示。

STEP 3 ▶ 使用 T (横排文字工具)在画布中输入文字,如图8-60所示。

◀ 图8-58 "新建"对话框

◀ 图8-59 新建图层

◀ 图8-60 输入文字

STEP 4 ▶ 按Ctrl+E键向下合并图层,并将该层隐藏,如图8-61所示。

STEP 5 ▶ 在"图层"面板上选择"背景"图层,单击"创建新组"按钮 ◢ ,新建"组1",选择刚刚新建的组,单击"创建新图层"按钮 ◢ ,新建图层,并重命名为"云彩",如图8-62所示。

STEP 6 ▶ 选择该层,按D键恢复默认前景色和背景色,执行菜单"滤镜/渲染/云彩"命令,效果如图8-63所示。

◀ 图8-61 合并后隐藏

◀ 图8-62 命名图层

◀ 图8-63 云彩效果

STEP 7 ▶ 执行菜单"滤镜/渲染/分层云彩"命令,对"云彩"图层应用该滤镜,并按Ctrl+F键,重复使用该滤镜。具体使用的次数随个人喜好而定,直到获得满意的效果为止。如图8-64所示为应用4次"分层云彩"命令后的效果。

STEP 8 ▶ 拖动"图层"面板中的"图层 1"图层到"创建新图层"按钮 ◢ 上,复制该图层,并将复制图层拖到"组 1"图层组中,位于"云彩"图层之上,同时单击眼睛图标,显示该图层,如图8-65所示。

STEP 9 ▶ 执行菜单"滤镜/模糊/高斯模糊"命令,打开"高斯模糊"对话框,设置"半径"为8像素,如图8-66所示。

STEP10 设置完毕后单击"确定"按钮，效果如图8-67所示。

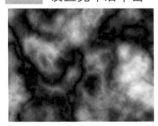

◀ 图8-64 分层云彩　　　　　　◀ 图8-65 复制　　　◀ 图8-66 "高斯模糊"对话框　　◀ 图8-67 模糊效果

STEP11 在"图层"面板中选择"图层 1 副本"图层，设置"不透明度"为60%，效果如图8-68所示。

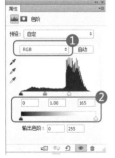

◀ 图8-68 不透明度

技 巧

这一步是比较关键的一步，它将影响到最终的效果。通过调整该图层的不透明度来实现不同的效果。图层不透明度越低（即透明效果越明显），文字（或图案）将越呈现出不规则的扭曲效果。相反，图层不透明度越高，文字（或图案）则将越规则，越容易识别，但同时效果也会大打折扣。所以，我们需要在两者之间选择一个平衡点。

STEP12 选择"图层 1 副本"图层，执行菜单"图层/新建调整图层/色阶"命令（或者单击"图层"面板下的"创建新的填充和调整图层"按钮 ❍.，选择"色阶"命令），在弹出的"色阶"属性面板中，将右边的白色滑杆向左拖动至输入色阶发生突变的位置附近，并注意观察图像的变化，如图8-69所示。

STEP13 调整后，效果如图8-70所示。

STEP14 执行菜单"图层/新建调整图层/曲线"命令（或者单击"图层"面板下的"创建新的填充和调整图层"按钮 ❍.，选择"曲线"命令），在弹出的"曲线"属性面板中调整曲线，如图8-71所示。

STEP15 调整后，效果如图8-72所示。

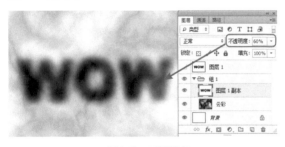

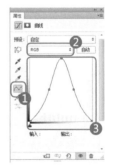

◀ 图8-69 "色阶"属性面板　　　◀ 图8-70 色阶调整效果　　　◀ 图8-71 "曲线"属性面板　　　◀ 图8-72 曲线调整效果

STEP16 执行菜单"图层/新建调整图层/色阶"命令，打开"色阶"属性面板，分别将"红""绿""蓝""RGB"通道调整成如图8-73所示的状态。

STEP17 调整后，效果如图8-74所示。

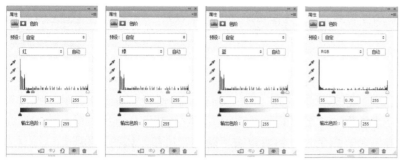

图8-73 "色阶"属性面板

图8-74 色阶调整效果

STEP18 在"图层"面板上选择"组 1"拖到"创建新图层"按钮 ↵ 上，复制图层组，并将复制后的图层组重命名为"组 2"，同时将该图层组的图层"混合模式"设置为"滤色"，如图8-75所示。

STEP19 展开"组 2"，选择该组下的"云彩 副本"图层，执行菜单"滤镜/渲染/分层云彩"命令，按Ctrl+F键重复使用该滤镜，可以获得不同的效果，如图8-76所示。

STEP20 使用相同的方法，再复制一次"组 1"，重命名为"组 3"，同样将图层组的"混合模式"设置为"滤色"。选择该图层组下的"文字 副本 3"图层，执行菜单"滤镜/模糊/高斯模糊"命令，打开"高斯模糊"对话框，设置"半径"为50像素，如图8-77所示。

STEP21 设置完毕后单击"确定"按钮。至此本例制作完毕，效果如图8-78所示。

图8-75 混合模式

图8-76 云彩效果

图8-77 "高斯模糊"对话框

图8-78 最终效果

实例74 逆光字

实例 目的

通过制作如图8-79所示的流程效果图，了解"渐变映射"命令在本例中的应用。

图8-79 流程图

151

实例 重点

✦ 应用"光照效果"命令制作背景； ✦ 为图层添加"渐变映射"调整图层；
✦ 输入文字，合并图层，应用"高斯模糊""色阶"命令调整图像。

扫一扫

微课视频

实例 步骤

STEP 1 执行菜单"文件/新建"命令或按Ctrl+N键，打开"新建"对话框，设置文件的"宽度"为"18厘米"、"高度"为"13厘米"、"分辨率"为"150像素/英寸"，选择"颜色模式"为"RGB颜色"，选择"背景内容"为"白色"，然后单击"确定"按钮，如图8-80所示。

STEP 2 执行菜单"滤镜/渲染/光照效果"命令，打开"光照效果"属性面板，拖动左边的光源控制点调整光照方向，再设置相应的参数值，如图8-81所示。

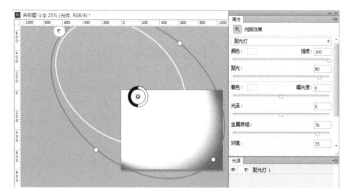

◀ 图8-80 "新建"对话框　　　　　　　　◀ 图8-81 "光照效果"属性面板

STEP 3 设置完毕后单击"确定"按钮，效果如图8-82所示。

STEP 4 使用 T（横排文字工具）在页面中输入文字，按Ctrl+T键调出变换框，拖动控制点将文字进行适当的旋转，如图8-83所示。

STEP 5 按Enter键确定，将输入的文字图层选取，按Ctrl+E键将文字图层合并。执行菜单"滤镜/模糊/高斯模糊"命令，打开"高斯模糊"对话框，设置"半径"为4.8像素，如图8-84所示。

◀ 图8-82 光照效果　　　　◀ 图8-83 变换文字　　　　◀ 图8-84 "高斯模糊"对话框

STEP 6 设置完毕后单击"确定"按钮，效果如图8-85所示。

STEP 7 执行菜单"图像/调整/色阶"命令，打开"色阶"对话框，参数设置如图8-86所示。

STEP 8 设置完毕后单击"确定"按钮，效果如图8-87所示。

◁ 图8-85　模糊效果　　　　◁ 图8-86　"色阶"对话框　　　　◁ 图8-87　调色阶效果

STEP 9 在"图层"面板中单击"创建新的填充或调整图层"按钮，在弹出的菜单中选择"渐变映射"命令，如图8-88所示。

STEP10 此时打开"渐变映射调整"面板，单击"渐变颜色条"，打开"渐变编辑器"对话框，设置渐变颜色从左到右依次为黑色、紫红色、橙色和白色，如图8-89所示。

STEP11 设置完毕后单击"确定"按钮。至此本例"逆光字"制作完毕，效果如图8-90所示。

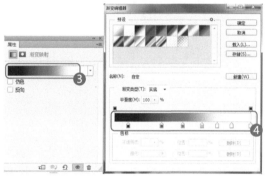

◁ 图8-88　选择图层调整　　　　◁ 图8-89　调整面板　　　　◁ 图8-90　最终效果

实例75　电波字　🔍

实例 ▶目的

通过制作如图8-91所示的流程效果图，了解"风"命令在本例中的应用。

◁ 图8-91　流程图

扫一扫

微课视频

实例 ▶重点

✦　应用"光照效果""镜头光晕"命令制作背景；

✦　应用"风"命令结合旋转画布制作波纹；

★ 为图层添加"渐变映射"调整图层； ★ 设置混合模式。

实例 步骤

STEP 1 执行菜单"文件/新建"命令或按Ctrl+N键，打开"新建"对话框，设置文件的"宽度"为"18厘米"、"高度"为"13.5厘米"、"分辨率"为"150像素/英寸"，选择"颜色模式"为"RGB颜色"，选择"背景内容"为"背景色"，然后单击"确定"按钮，如图8-92所示。

STEP 2 将背景色设置为深蓝色，按Ctrl+Delete键填充背景色。执行菜单"滤镜/渲染/光照效果"命令，打开"光照效果"属性面板，拖动左边的光源控制点调整光照方向，再设置相应的参数值，如图8-93所示。

STEP 3 设置完毕后单击"确定"按钮，效果如图8-94所示。

 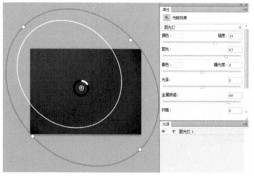 

◧ 图8-92 "新建"对话框   ◧ 图8-93 "光照效果"属性面板   ◧ 图8-94 光照效果

STEP 4 执行菜单"滤镜/渲染/镜头光晕"命令，打开"镜头光晕"对话框，拖动预览框中的光源调整光照位置，选中"50-300毫米变焦"单选按钮，设置"亮度"为100%，如图8-95所示。

STEP 5 设置完毕后单击"确定"按钮，背景制作完毕，效果如图8-96所示。

STEP 6 下面讲解特效字的制作。首先执行菜单"文件/新建"命令或按Ctrl+N键，打开"新建"对话框，设置文件的"宽度"为"18厘米"、"高度"为"10厘米"、"分辨率"为"150像素/英寸"，选择"颜色模式"为"RGB颜色"，选择"背景内容"为"白色"，然后单击"确定"按钮，如图8-97所示。

◧ 图8-95 "镜头光晕"对话框   ◧ 图8-96 背景   ◧ 图8-97 "新建"对话框

STEP 7 将"背景色"设置为黑色，按Ctrl+Delete键填充背景色，再使用 T （横排文字工具）在页面中输入白色文字"蓝色电波"，如图8-98所示。

STEP 8 复制文字图层，得到文字图层副本并将其隐藏，选择文字图层，按Ctrl+E键将其余背景图层合并，如图8-99所示。

◁ 图8-98 输入文字

◁ 图8-99 合并

STEP 9 执行菜单"滤镜/风格化/风"命令，打开"风"对话框，选中"风"单选按钮和"从右"单选按钮，如图8-100所示。

STEP10 设置完毕后单击"确定"按钮，再按Ctrl+F键几次以增强风效果，如图8-101所示。

STEP11 执行菜单"滤镜/风格化/风"命令，打开"风"对话框，选中"风"单选按钮和"从左"单选按钮，如图8-102所示。

◁ 图8-100 "风"对话框

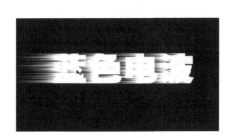

◁ 图8-101 风效果

◁ 图8-102 "风"对话框

STEP12 设置完毕后单击"确定"按钮，再按Ctrl+F键几次以增强风效果，如图8-103所示。

STEP13 执行菜单"图像/旋转画布/90度（顺时针）"命令，将画布整体旋转，效果8-104所示。

STEP14 执行菜单"滤镜/风格化/风"命令，打开"风"对话框，选中"风"单选按钮和"从右"单选按钮，如图8-105所示。

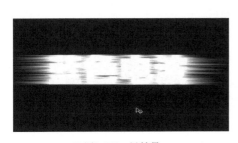

◁ 图8-103 风效果

◁ 图8-104 旋转

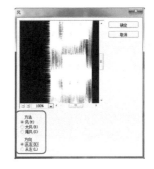

◁ 图8-105 "风"对话框

STEP15 设置完毕后单击"确定"按钮，再按Ctrl+F键几次以增强风效果，如图8-106所示。

STEP16 执行菜单"滤镜/风格化/风"命令，打开"风"对话框，选中"风"单选按钮和"从左"单选按钮，如图8-107所示。

STEP17 设置完毕后单击"确定"按钮，再按Ctrl+F键几次以增强风效果，如图8-108所示。

STEP18 执行菜单"图像/旋转画布/90度（逆时针）"命令，将画布整体旋转，效果如图8-109所示。

图8-106 风效果

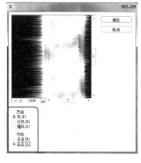
图8-107 "风"对话框

图8-108 风效果

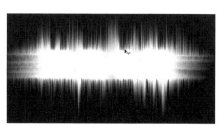
图8-109 旋转

STEP19 在"图层"面板中单击"创建新的填充或调整图层"按钮，在弹出的菜单中选择"渐变映射"命令，如图8-110所示。

STEP20 此时打开"渐变映射"属性面板，单击"渐变颜色条"，打开"渐变编辑器"对话框，设置渐变颜色从左到右依次为黑色、蓝色、黄色和白色，如图8-111所示。

图8-110 选择"渐变映射"命令

图8-111 渐变映射

STEP21 设置完毕后单击"确定"按钮，效果如图8-112所示。

STEP22 显示文字副本并更改文字颜色为蓝色，效果如图8-113所示。

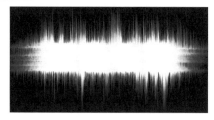
图8-112 映射

图8-113 变换文字颜色

STEP23 将图层合并后，使用 ⊞（移动工具）将整个图像拖动到刚才制作的背景文件中，设置"混合模式"为"线性减淡"，效果如图8-114所示。

STEP24 至此本例"电波字"制作完毕，效果如图8-115所示。

◁ 图8-114 移动　　　　　　　　　　◁ 图8-115 最终效果

实例76　发光字　🔍

实例 ▶ 目的 🖋

通过制作如图8-116所示的流程效果图，了解"径向模糊"和"风"命令在本例中的应用。

◁ 图8-116 流程图

实例 ▶ 重点 🖋

★ 新建文件并填充黑色；
★ 输入文字并添加外发光样式；
★ 复制图层并调整"不透明度"；
★ 合并图层并旋转画布；
★ 应用"风"滤镜再旋转画布；
★ 应用"径向模糊"滤镜和"渐变映射"调整图层。

扫一扫

微课视频

实例 ▶ 步骤 🖋

STEP 1 执行菜单"文件/新建"命令或按Ctrl+N键，打开"新建"对话框，设置文件的"宽度"为"18厘米"、"高度"为"13.5厘米"、"分辨率"为"150像素/英寸"，选择"颜色模式"为"RGB颜色"，选择"背景内容"为"白色"，然后单击"确定"按钮，如图8-117所示。

STEP 2 将背景色设置为"黑色"，按Ctrl+Delete键将新建的文档填充黑色背景，如图8-118所示。

STEP 3 将前景色设置为"白色"，使用 T（横排文字工具）在页面中输入白色英文字母Light，如图8-119所示。

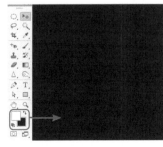

◁ 图8-117 "新建"对话框　　◁ 图8-118 填充背景色　　◁ 图8-119 输入文字

STEP 4 执行菜单"图层/图层样式/外发光"命令，打开"图层样式"对话框，参数设置如图8-120所示。

STEP 5 设置完毕后单击"确定"按钮，效果如图8-121所示。

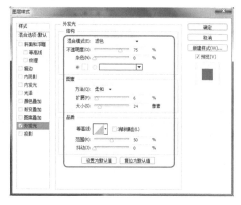

图8-120 设置"外发光"样式

图8-121 添加外发光

STEP 6 拖动Light图层到"创建新图层"按钮上，得到"Light副本"图层，如图8-122所示。

STEP 7 在"图层"面板中将Light图层隐藏，再设置"Light副本"图层的"填充"为0%，如图8-123所示。

STEP 8 此时文档中的文字只留下了外发光效果，其他都变成了透明，如图8-124所示。

图8-122 复制

图8-123 设置填充

图8-124 文字效果

STEP 9 按住Ctrl键单击"背景"图层和"Light副本"图层，将两个图层一同选取，再按Ctrl+E键将两个图层合并，如图8-125所示。

STEP 10 隐藏文字图层，执行菜单"图像/旋转画布/顺时针90度"命令，将画布进行旋转，如图8-126所示。

图8-125 合并

图8-126 旋转

STEP11 执行菜单"滤镜/风格化/风"命令，打开"风"对话框，设置"方向"为"从右"，"方法"为"大风"，如图8-127所示。

STEP12 设置完毕后单击"确定"按钮，按Ctrl+F键一次，重复应用一次"风"滤镜，效果如图8-128所示。

STEP13 执行菜单"滤镜/风格化/风"命令，打开"风"对话框，设置"方向"为"从左"，"方法"为"大风"，如图8-129所示。

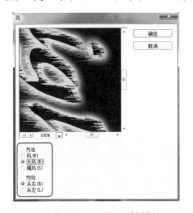
◀ 图8-127 "风"对话框

◀ 图8-128 风效果

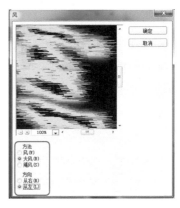
◀ 图8-129 "风"对话框

STEP14 设置完毕后单击"确定"按钮，按Ctrl+F键一次，重复应用一次"风"滤镜，效果如图8-130所示。

STEP15 执行菜单"图像/旋转画布/逆时针90度"命令，将画布进行旋转，如图8-131所示。

STEP16 执行菜单"滤镜/模糊/径向模糊"命令，打开"径向模糊"对话框，设置"品质"为"好"、"模糊方法"为"缩放"、"数量"为86，如图8-132所示。

◀ 图8-130 风效果

◀ 图8-131 旋转

◀ 图8-132 "径向模糊"对话框

STEP17 设置完毕后单击"确定"按钮，反复按两次Ctrl+F键，得到如图8-133所示的效果。

STEP18 显示文字图层，设置完毕后，在"图层"面板中单击"创建新的填充或调整图层"按钮，在弹出的菜单中选择"渐变映射"命令，如图8-134所示。

图8-133　模糊效果　　　　　　　　　图8-134　选择"渐变映射"命令

STEP19 打开"渐变映射"属性面板，单击"渐变颜色条"，打开"渐变编辑器"对话框，设置从左到右的颜色为黑色、绿色、白色，如图8-135所示。

STEP20 调整完毕后，完成本例的制作，效果如图8-136所示。

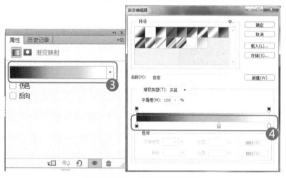

图8-135　渐变映射调整　　　　　　　　　　　　　图8-136　最终效果

本章练习与小结

练习

沿路径创建文字。

习题

1. 下面哪个是可以调整依附路径文字位置的工具？（　　　）

　A. 钢笔工具　　　　　　　B. 矩形工具　　　　　　　C. 形状工具　　　　　　　D. 路径选择工具

2. 以下哪几个工具可以创建文字选区？（　　　）

　A. 横排文字蒙版工具　B. 路径选择工具　　　　C. 直排文字工具　　　　D. 直排文字蒙版工具

3. 以下哪个样式为上标样式？（　　　）

　A. qq　　　　　　　B. q^q　　　　　　　C. qq　　　　　　　D. q_q

小结

　在Photoshop CS6中创作平面作品时，文字是不可或缺的一部分，它不仅可以帮助大家快速了解作品所呈现出的主题，还可以在整个作品中充当重要的修饰元素。

第9章

Photoshop CS6

网页元素设计与制作

网页元素离不开按钮、文字以及图像。本章主要为大家讲解 Photoshop在网页设计中的应用，具体介绍组成网页元素的按钮与图像的制作方法。

本章重点

导航按钮　　　　　　　水彩手绘

下载按钮　　　　　　　七彩生活

开始按钮　　　　　　　梦幻花园

动画按钮　　　　　　　冰冻效果

广告按钮

　　网页设计中传达的视觉信息是网页设计的三个基本要素：图形、文字和色彩。色彩决定网页的风格，而图形与文字的编排组合、版式布局直接影响信息传达的准确性，决定网页设计的成败。图形与文字的比例应该控制在图形占整个网页布局的20%～30%较为合理。

　　网页中的常见元素主要包括文字、图像、动画、视频、音乐、超链接、表格、表单和各类控件等。

　　✦　文字：文字能准确地表达信息的内容和含义，且同样信息量的文本字节往往比图像小，比较适合大信息量的网站。

　　✦　图像：在网页中使用GIF、JPEG和PNG三种图像格式，其中使用最广泛的是GIF和JPEG两种格式。

　　需注意的是，当用户使用所见即所得的网页设计软件在网页上添加其他非GIF、JPEG或PNG格式的图片并保存时，这些软件通常会自动将少于8位颜色的图片转化为GIF格式，或将多于8位颜色的图片转化为JPEG。另外，JPEG图片是静态图片，GIF则可以是动态图片。

　　✦　动画：主要指由Flash软件制作的动画，由于其是准流媒体文件，加上矢量动画文件小，在网络中运行具有强大优势，是网页设计者必学的软件。

　　✦　声音和视频：用于网络的声音文件的格式非常多，常用的有MIDI、WAV、MP3和AIF等。很多浏览器不需要插件也可以支持MIDI、WAV和AIF格式的文件，而MP3和RM格式的声音文件则需要专门的浏览器播放。视频文件均需要插件（如REALONE、MEDIA PLAYER）支持，用于网络的视频格式主要有ASF、WMV、RM等流媒体格式。

　　✦　超链接：从一个网页指向另一个目的端的链接。

　　✦　表格：在网页中表格用来控制网页中信息的布局方式。这包括如下两方面：

　　（1）使用行和列的形式来布局文字和图像，以及其他的列表化数据；

　　（2）精确控制各种网页元素在网页中出现的位置。

　　✦　表单：用来接受用户在浏览器端的输入，然后将这些信息发送到用户设置的目标端。表单由不同功能的表单域组成，最简单的表单也要包含一个输入区域和一个提交按钮。

　　根据表单功能与处理方式的不同，通常可以将表单分为用户反馈表单、留言簿表单、搜索表单和用户注册表单等类型。

　　✦　导航栏：导航栏就是一组超链接，这组超链接的目标就是本站点的主页以及其他重要网页。导航栏的作用就是引导浏览者游历站点，同时首页的导航栏对搜索引擎的收录意义重大。

　　网页中除了以上几种最基本的元素之外，还有一些其他的常用元素，包括悬停按钮、Java特效、ActiveX等各种特效。它们不仅能点缀网页，使网页更活泼有趣，而且在网上娱乐、电子商务等方面也有着不可忽视的作用。

　　在网页中图形可以分为按钮与图像两个主要部分。

　　按钮在网页中分为导航按钮、表单按钮和链接按钮等，如下图所示。

图像在网页中分为导航图像、主题图像、背景图像和修饰图像等，如下图所示。

实例77 导航按钮 🔍

实例 目的

通过制作如图9-1所示的流程效果图，了解"圆角矩形工具"在本例中的应用。

◀ 图9-1 流程图

扫一扫

微课视频

实例 重点

✦ 使用"圆角矩形工具"绘制圆角矩形选区；

✦ 使用"描边""光泽""渐变叠加""内发光"和"投影"命令制作按钮效果。

实例 步骤

STEP 1 执行菜单"文件/新建"命令，打开"新建"对话框，参数设置如图9-2所示。

STEP 2 单击"确定"按钮，新建一个白色背景的空白文件，单击"图层"面板上的"创建新图层"按钮 ⅃ ，新建"图层1"图层，如图9-3所示。

STEP 3 使用 ▣（圆角矩形工具）在画布上绘制圆角路径，并按Ctrl+Enter键将路径转换为选区，如图9-4所示。

STEP 4 在工具箱中任意选择一种颜色，按Alt+Delete键填充前景色，如图9-5所示。

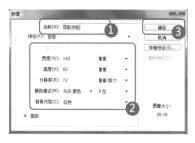

◀ 图9-2 "新建"对话框

◀ 图9-4 路径转换成选区

◀ 图9-3 新建图层

◀ 图9-5 填充前景色

技 巧

这里可以将所绘制的圆角矩形选区填充为任意一种颜色，因为在后面将会为按钮添加相应的图层样式，而在图层样式的设置中也将会为按钮填充渐变的颜色。

STEP 5 按Ctrl+D键取消选区，执行菜单"图层/图层样式/投影"命令，打开"图层样式"对话框，参数设置如图9-6所示。

STEP 6 在"图层样式"对话框中的左侧单击"内发光"选项，设置"内发光"样式，如图9-7所示。

STEP 7 在"图层样式"对话框中的左侧单击"渐变叠加"选项，设置"渐变叠加"样式，单击"渐变颜色条"，打开"渐变编辑器"对话框，从左向右分别设置渐变色标值为RGB（151、172、207）、RGB（18、12、100）、RGB（69、88、152）、RGB（142、162、228），其他的参数设置如图9-8所示。

STEP 8 在"图层样式"对话框中的左侧单击"光泽"选项，设置"光泽"样式，如图9-9所示。

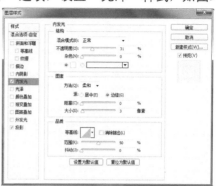

◄ 图9-6　设置"投影"样式　　　　　　　　　　　◄ 图9-7　设置"内发光"样式

◄ 图9-8　设置"渐变叠加"样式　　　　　　　　　　◄ 图9-9　设置"光泽"样式

STEP 9 在"图层样式"对话框中的左侧单击"描边"选项，设置"描边"样式，单击"渐变颜色条"，打开"渐变编辑器"对话框，从左向右分别设置渐变色标值为RGB（95、121、165）、RGB（174、206、255），其他的参数设置如图9-10所示。

STEP10 设置完毕后单击"确定"按钮，效果如图9-11所示。

STEP11 使用 Ⓣ（横排文字工具）在页面中输入适合按钮的文字，如图9-12所示。

◄ 图9-10　设置"描边"样式　　　　◄ 图9-11　添加图层样式　　　◄ 图9-12　输入文字

STEP12 执行菜单"图层/图层样式/投影"命令，打开"图层样式"对话框，参数设置如图9-13

所示。

STEP13 设置完毕后单击"确定"按钮。至此本例制作完毕，效果如图9-14所示。

◀ 图9-13　设置"投影"样式　　　　　◀ 图9-14　最终效果

技 巧

调出按钮的选区，同样可以使用"渐变工具"，设置"渐变样式"为"线性"，按住鼠标左键从上向下拖动填充渐变颜色。应用"斜面和浮雕""渐变叠加""内发光""光泽""描边"和"投影"命令同样可以制作出立体的渐变按钮。不同的渐变色可以通过"渐变编辑器"对话框进行适当调整。

| 实例78　下载按钮　Q

实例　目的

通过制作如图9-15所示的流程效果图，了解"加深工具"在本例中的应用。

◀ 图9-15　流程图

实例　重点

✦ 使用"圆角矩形工具"绘制圆角矩形；

✦ 使用"加深工具"加深圆角矩形的部分区域，并为圆角矩形添加"图层样式"；

✦ 使用"渐变工具"绘制按钮的高光；

✦ 使用"横排文字工具"在画布中输入文字，并为文字添加"图层样式"。

扫一扫

微课视频

实例　步骤

STEP 1 执行菜单"文件/新建"命令，打开"新建"对话框，参数设置如图9-16所示。

STEP 2 单击"确定"按钮，新建一个白色背景的空白文件，单击"图层"面板上的"创建新图层"按钮 ↵ ，新建"图层1"图层，如图9-17所示。

STEP 3 使用 ▣ （圆角矩形工具）在画布上绘制圆角路径，并按Ctrl+Enter键将路径转换为选区，如图9-18所示。

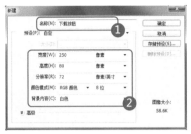  

◁ 图9-16 "新建"对话框　　◁ 图9-17 新建图层　　◁ 图9-18 转换路径成选区

技巧

在工具箱中选择▢（圆角矩形工具），在其属性栏中设置"半径"数值的大小会直接影响到绘制圆角矩形圆角的大小。

STEP 4　设置"前景色"颜色值为RGB（155、155、155），按Alt+Delete键填充前景色，如图9-19所示。

STEP 5　按Ctrl+D键取消选区，选择工具箱中的◎（加深工具），在属性栏上设置"曝光度"为50%，在图像上涂抹加深图像的部分区域，如图9-20所示。

STEP 6　使用相同的方法，使用◎（加深工具）在图像的其他部分涂抹加深，如图9-21所示。

◁ 图9-19 填充前景色　　◁ 图9-20 局部加深1　　◁ 图9-21 局部加深2

STEP 7　执行菜单"图层/图层样式/投影"命令，打开"图层样式"对话框，参数设置如图9-22所示。

STEP 8　在"图层样式"对话框中的左侧单击"内阴影"选项，设置"内阴影"样式，如图9-23所示。

◁ 图9-22 设置"投影"样式　　◁ 图9-23 设置"内阴影"样式

STEP 9　在"图层样式"对话框中的左侧单击"内发光"选项，设置"内发光"样式，如图9-24所示。

STEP10　在"图层样式"对话框中的左侧单击"斜面和浮雕"选项，设置"斜面和浮雕"样式，如图9-25所示。

图9-24 设置"内发光"样式

图9-25 设置"斜面和浮雕"样式

STEP11 在"图层样式"对话框中的左侧单击"图案叠加"选项，设置"图案叠加"样式，如图9-26所示。

STEP12 在"图层样式"对话框中的左侧单击"描边"选项，设置"描边"样式，单击"渐变颜色条"，打开"渐变编辑器"对话框，从左向右分别设置渐变色为白色、黑色、白色，其他的参数设置如图9-27所示。

图9-26 设置"图案叠加"样式

图9-27 设置"描边"样式

STEP13 设置完毕后单击"确定"按钮，效果如图9-28所示。

STEP14 按住Ctrl键的同时在"图层"面板上单击"图层 1"图层，调出"图层1"图层的选区，如图9-29所示。

STEP15 单击"创建新图层"按钮 ，新建"图层2"图层，单击工具箱中的 （矩形选框工具），按Alt键减去一部分选区，如图9-30所示。

图9-28 添加样式效果

图9-29 调出选区

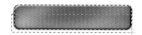

图9-30 从选区中减去

技 巧

在已经存在选区的情况下，按住Alt键不放，使用选区工具在现有选区上绘制可以减去选区；如果按住Shift键不放，使用选区工具绘制选区可以增加选区。

STEP16 选择▣（渐变工具），在属性栏上单击"渐变颜色条"，打开"渐变编辑器"对话框，从左向右分别设置渐变色标值为RGB（255、255、255）、RGB（255、255、255），"不透明度"为100%、0%，如图9-31所示。

◀ 图9-31 设置渐变颜色

STEP17 设置完毕后单击"确定"按钮，在选区中拖曳，应用渐变效果，如图9-32所示。

◀ 图9-32 渐变色

STEP18 按Ctrl+D键取消选区，使用Ⓣ（横排文字工具）在页面中输入适合按钮的文字，如图9-33所示。

Download

◀ 图9-33 输入文字

STEP19 执行菜单"图层/图层样式/投影"命令，打开"图层样式"对话框，参数设置如图9-34所示。

◀ 图9-34 设置"投影"样式

STEP20 设置完毕后单击"确定"按钮。至此本例制作完毕，效果如图9-35所示。

Download

◀ 图9-35 最终效果

实例79 开始按钮 🔍

实例 ▶ 目的

通过制作如图9-36所示的流程效果图，了解"图层蒙版"在本例中的应用。

◀ 图9-36 流程图

实例 ▶ 重点

★ 使用"圆角矩形工具"绘制圆角矩形；

★ 使用"横排文字工具"在画布中输入文字，并为文字添加"图层样式"；

★ 使用"添加矢量蒙版"。

实例 ▶ 步骤

STEP 1 执行菜单"文件/新建"命令，打开"新建"对话框，参数设置如图9-37所示。

STEP 2 单击"图层"面板上的"创建新图层"按钮 ↵，新建"图层1"图层，如图9-38所示。

扫一扫

微课视频

STEP 3 使用 ▣（圆角矩形工具），在属性栏上设置"半径"为50px，在画布上绘制圆角矩形路径，如图9-39所示。

◁ 图9-37 "新建"对话框　　◁ 图9-38 新建图层　　　　　　　　　◁ 图9-39 圆角矩形

STEP 4 按Ctrl+Enter键将路径转换为选区，在工具箱中设置"前景色"颜色值为RGB（0、0、0），按Alt+Delete键填充前景色，如图9-40所示。

STEP 5 按Ctrl+D键取消选区，执行菜单"图层/图层样式/投影"命令，打开"图层样式"对话框，参数设置如图9-41所示。

STEP 6 在"图层样式"对话框中的左侧单击"内发光"选项，设置"内发光"样式，如图9-42所示。

◁ 图9-40 填充选区　　　◁ 图9-41 设置"投影"样式　　　　◁ 图9-42 设置"内发光"样式

STEP 7 在"图层样式"对话框中的左侧单击"斜面和浮雕"选项，设置"斜面和浮雕"样式，如图9-43所示。

STEP 8 设置完毕后单击"确定"按钮，效果如图9-44所示。

STEP 9 使用 ▣（横排文字工具）在按钮上输入文字，如图9-45所示。

◁ 图9-43 设置"斜面和浮雕"样式　　　◁ 图9-44 添加图层样式　　　◁ 图9-45 输入文字

STEP10 执行菜单"图层/图层样式/内阴影"命令，打开"图层样式"对话框，参数设置如图9-46所示。

STEP11 在"图层样式"对话框中的左侧单击"外发光"选项，设置"外发光"样式，如图9-47所示。

◁ 图9-46 设置"内阴影"样式

◁ 图9-47 设置"外发光"样式

STEP12 在"图层样式"对话框中的左侧单击"渐变叠加"选项，设置"渐变叠加"样式，单击"渐变颜色条"，打开"渐变编辑器"对话框，从左向右分别设置渐变色标值为RGB（255、255、255）、RGB（0、0、0）、RGB（255、255、255）、RGB（75、75、75），其他的参数设置如图9-48所示。

STEP13 在"图层样式"对话框中的左侧单击"描边"选项，设置"描边"样式，单击"渐变颜色条"，打开"渐变编辑器"对话框，从左向右分别设置渐变色标值为RGB（51、51、51）、RGB（171、171、171）、RGB（51、51、51）、RGB（200、200、200）、RGB（51、51、51），其他的参数设置如图9-49所示。

◁ 图9-48 设置"渐变叠加"样式

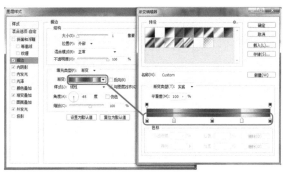

◁ 图9-49 设置"描边"样式

STEP14 设置完毕后单击"确定"按钮，效果如图9-50所示。

STEP15 在"图层"面板中拖动"文字"图层到"创建新图层"按钮 ⏷ 上，复制文字层，再次单击"创建新图层"按钮 ⏷ ，新建"图层2"图层，同时选择刚刚新建的"图层2"图层和前面复制的"文字"图层，按Ctrl+E键向下合并图层，并将其重命名"倒影"，设置"不透明度"为40%，如图9-51所示。

◁ 图9-50 添加图层样式的文字效果

◁ 图9-51 "图层"面板

171

STEP16 执行菜单"编辑/变换/垂直翻转"命令，翻转图像，效果如图9-52所示。

STEP17 在"图层"面板上单击"添加图层蒙版"按钮 🔲，按D键恢复默认的前景色和背景色，使用🔲（渐变工具）在画布上拖曳，应用渐变填充，效果如图9-53所示。

STEP18 单击"创建新图层"按钮 ↵，新建"图层2"图层，按住Ctrl键同时单击"图层 1"图层，调出"图层 1"图层的选区，在工具箱中设置"前景色"颜色值为RGB（255、255、255），按Alt+Delete键填充前景色，并按Ctrl+D键取消选区，如图9-54所示。

◀ 图9-52 翻转　　　　　　　　　◀ 图9-53 蒙版效果　　　　　　　　◀ 图9-54 填充

STEP19 使用🖊（钢笔工具）在画布上绘制路径，如图9-55所示。

STEP20 按Ctrl+Enter键将路径转换为选区，按Delete键删除选区中的图形，如图9-56所示。

STEP21 按Ctrl+D键取消选区，在"图层"面板上设置"不透明度"为50%，效果如图9-57所示。

◀ 图9-55 绘制路径　　　　　　　◀ 图9-56 清除图像　　　　　　　　◀ 图9-57 透明效果

STEP22 执行菜单"图层/图层样式/投影"命令，打开"图层样式"对话框，参数设置如图9-58所示。

STEP23 在"图层样式"对话框中的左侧单击"斜面和浮雕"选项，设置"斜面和浮雕"样式，如图9-59所示。

STEP24 设置完毕后单击"确定"按钮。至此本例制作完毕，效果如图9-60所示。

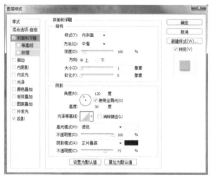

◀ 图9-58 设置"投影"样式　　　　◀ 图9-59 设置"斜面和浮雕"样式　　　◀ 图9-60 最终效果

实例80 动画按钮 Q

实例 目的

通过制作如图9-61所示的流程效果图，了解"动画"面板在本例中的应用。

图9-61 流程图

实例 重点

扫一扫

* 使用"圆角矩形工具"绘制圆角矩形；
* 使用"画笔工具"绘制高光部分；
* 使用"横排文字工具"在画布中输入文字；
* 使用"动画"面板制作动画按钮，并导出GIF动画。

微课视频

实例 步骤

STEP 1 执行菜单"文件/新建"命令，打开"新建"对话框，参数设置如图9-62所示。

STEP 2 单击"图层"面板上的"创建新图层"按钮 ，新建"图层1"图层，如图9-63所示。

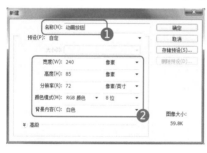

图9-62 "新建"对话框

图9-63 新建图层

STEP 3 使用◎（圆角矩形工具），在属性栏中设置"半径"为10px，在画布上绘制圆角矩形路径，如图9-64所示。

STEP 4 按Ctrl+Enter键将路径转换为选区，在工具箱中设置"前景色"颜色值为RGB（255、255、255），按Alt+Delete键填充前景色，如图9-65所示。

图9-64 圆角矩形　　　　图9-65 填充选区

STEP 5 按Ctrl+D键取消选区，执行菜单"图层/图层样式/投影"命令，打开"图层样式"对话框，参数设置如图9-66所示。

STEP 6 设置完毕后单击"确定"按钮，效果如图9-67所示。

◀ 图9-66　设置"投影"样式　　　　　　　◀ 图9-67　添加投影

STEP 7 在"图层"面板上单击"创建新图层"按钮 ，新建"图层 2"图层，按住Ctrl键的同时在"图层"面板上单击"图层 1"图层，调出"图层 1"图层选区，执行菜单"选择/修改/收缩"命令，打开"收缩选区"对话框，设置"收缩量"为3像素，如图9-68所示。

STEP 8 设置完毕后单击"确定"按钮，效果如图9-69所示。

STEP 9 设置"前景色"颜色值为RGB（92、152、0），按Alt+Delete键填充前景色，如图9-70所示。

◀ 图9-68　"收缩选区"对话框　　　　◀ 图9-69　收缩选区　　　　◀ 图9-70　填充前景色

STEP10 在"图层"面板上单击"创建新图层"按钮 ，新建"图层 3"图层，在工具箱中选择 （画笔工具），在属性栏中选择合适的笔触，如图9-71所示。

STEP11 设置"前景色"颜色值为RGB（157、192、0），使用 （画笔工具）在画布上绘制，如图9-72所示。

STEP12 使用 （钢笔工具）在画布上绘制路径，如图9-73所示。

◀ 图9-71　设置画笔　　　　　　◀ 图9-72　绘制画笔　　　　　　◀ 图9-73　绘制路径

STEP13 按Ctrl+Enter键将路径转换为选区，按Delete键删除图像，如图9-74所示。

STEP14 按住Ctrl键的同时在"图层"面板上单击"图层 2"图层，调出"图层2"图层选区，如图9-75所示。

STEP15 执行菜单"选择/反向"命令，反向选择选区，按Delete键删除图像，如图9-76所示。

◁ 图9-74　清除选区　　　◁ 图9-75　调出选区　　　◁ 图9-76　清除选区

STEP16 使用 T（横排文字工具）在画布中单击输入文字，如图9-77所示。

STEP17 使用相同的方法，在画布中单击输入其他文字，如图9-78所示。

◁ 图9-77　输入文字　　　　　◁ 图9-78　输入其他文字

STEP18 在"图层"面板上单击"创建新图层"按钮 ，新建"图层 4"图层，"图层"面板如图9-79所示。

STEP19 使用 （钢笔工具）在画布上绘制路径，按Ctrl+Enter键转换成选区，填充选区为白色，再按Ctrl+D键取消选区，效果如图9-80所示。

STEP20 执行菜单"窗口/动画"命令，打开"动画"面板，如图9-81所示。

◁ 图9-79　"图层"面板　　◁ 图9-80　绘制图像　　　　　　　　◁ 图9-81　"动画"面板

STEP21 在"动画"面板上单击两次"复制所选帧"按钮 ，复制所选帧，如图9-82所示。

STEP22 在"动画"面板上选择第2帧，在"图层"面板上选择"图层 4"图层，选择工具箱中的 （移动工具），按Shift+下方向键调整箭头的位置，如图9-83所示。

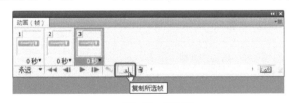

◁ 图9-82　复制帧　　　　　　　　　　◁ 图9-83　移动

STEP23 在"图层"面板上选择"图层 3"图层，设置"不透明度"为50%，效果如图9-84所示。

STEP24 在"动画"面板上同时选择第1帧和第2帧，如图9-85所示。

STEP25 在"动画"面板上单击"过渡动画帧"按钮 ，打开"过渡"对话框，参数设置如图9-86所示。

图9-84　透明度效果　　　　　　图9-85　选择帧　　　　　　图9-86　"过渡"对话框

STEP26 单击"确定"按钮，"动画"面板上会自动生成过渡帧，如图9-87所示。

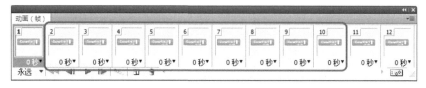

图9-87　添加过渡帧

STEP27 在"动画"面板上同时选择第11帧和第12帧，如图9-88所示。

STEP28 在"动画"面板上单击"过渡动画帧"按钮，打开"过渡"对话框，参数设置如图9-89所示。

图9-88　选择帧　　　　　　图9-89　"过渡"对话框

STEP29 单击"确定"按钮，"动画"面板上会自动生成过渡帧，如图9-90所示。

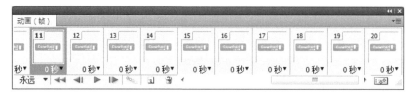

图9-90　添加过渡帧

技 巧

当动画制作完成后，在"动画"面板上单击"播放动画"按钮▶，可以在文档窗口中直接看到动画效果。如果要停止播放，单击"停止动画"按钮■，即可停止动画播放，也可以按空格键来控制动画的"播放"或"停止"。

STEP30 执行菜单"文件/存储为Web所用格式"命令，打开"存储为Web所用格式"对话框，设置"存储格式"为GIF，其他参数设置如图9-91所示。

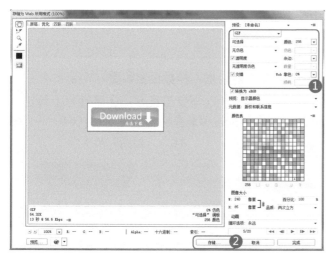

图9-91 "存储为Web所用格式"对话框

STEP31 单击"存储"按钮,保存当前GIF文档。在刚刚存储的文件夹下打开GIF动画,可以看到效果如图9-92所示。

STEP32 关闭"动画"面板。至此本例制作完毕,效果如图9-93所示。

图9-92 预览动画

图9-93 最终效果

实例81 广告按钮

实例 目的

通过制作如图9-94所示的流程效果图,了解"减淡工具"在本例中的应用。

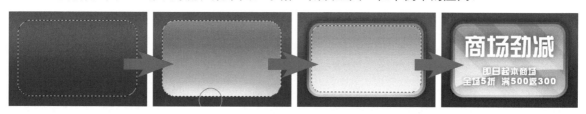

图9-94 流程图

实例 重点

* 使用"圆角矩形工具"绘制圆角矩形;
* 使用"减淡工具"在圆角矩形部分区域减淡,并为圆角矩形添加"图层样式";
* 使用"渐变工具"绘制按钮的高光;

扫一扫

微课视频

★ 使用"横排文字工具"在画布中输入文字，并为文字添加"图层样式"。

实例 步骤

STEP 1 执行菜单"文件/新建"命令，打开"新建"对话框，参数设置如图9-95所示。

STEP 2 单击"确定"按钮，新建一个空白文档。选择◨（渐变工具），在属性栏上单击"渐变预览条"，打开"渐变编辑器"对话框，从左向右分别设置渐变色标值为RGB（64、64、64）、RGB（73、73、73）、RGB（46、46、46）、RGB（41、41、41），如图9-96所示。

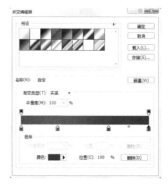

◁ 图9-95 "新建"对话框   ◁ 图9-96 设置渐变颜色

STEP 3 设置完毕后单击"确定"按钮，使用◨（渐变工具）从上向下拖动鼠标填充渐变色，如图9-97所示。

STEP 4 在"图层"面板上单击"创建新图层"按钮 ，新建"图层1"图层，使用◉（圆角矩形工具）在画布上绘制圆角路径，并按Ctrl+Enter键将路径转换为选区，如图9-98所示。

STEP 5 选择◨（渐变工具），在属性栏上单击"渐变预览条"，打开"渐变编辑器"对话框，从左向右分别设置渐变色标值为RGB（44、132、194）、RGB（31、118、185）、RGB（56、146、202）、RGB（132、198、229），如图9-99所示。

STEP 6 设置完毕后单击"确定"按钮，使用◨（渐变工具）从上向下拖动鼠标填充渐变色，如图9-100所示。

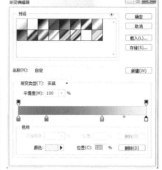

◁ 图9-97 填充渐变色   ◁ 图9-98 转换路径为选区   ◁ 图9-99 设置渐变颜色   ◁ 图9-100 填充渐变色

STEP 7 使用◉（减淡工具）在刚刚应用渐变的图像上涂抹，如图9-101所示。

STEP 8 按Ctrl+D键取消选区，执行菜单"图层/图层样式/投影"命令，打开"图层样式"对话框，参数设置如图9-102所示。

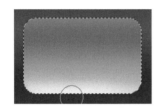

图9-101　局部减淡

图9-102　设置"投影"样式

STEP 9 在"图层样式"对话框中的左侧单击"内阴影"选项，设置"内阴影"样式，如图9-103所示。

STEP10 设置完毕后单击"确定"按钮，效果如图9-104所示。

图9-103　设置"内阴影"样式

图9-104　添加样式

STEP11 在"图层"面板上单击"创建新图层"按钮 ，新建"图层2"图层，按住Ctrl键的同时在"图层"面板上单击"图层 1"图层，调出"图层1"图层的选区，并执行菜单"选择/修改/收缩"命令，打开"收缩选区"对话框，设置"收缩量"为10像素，如图9-105所示。

STEP12 设置完毕后单击"确定"按钮，收缩选区效果如图9-106所示。

图9-105　"收缩选区"对话框

图9-106　收缩选区

STEP13 选择▣（渐变工具），在属性栏上单击"渐变预览条"，打开"渐变编辑器"对话框，从左向右分别设置渐变色标值为RGB（255、255、255）、RGB（255、255、255），从左向右设置"不透明度"为60%、10%，如图9-107所示。

STEP14 设置完毕后单击"确定"按钮，使用▣（渐变工具）在圆角矩形选区内填充渐变色，如图9-108所示。

STEP15 使用▣（钢笔工具）在画布中绘制路径，并按Ctrl+Enter键将路径转为选区，如图9-109所示。

图9-107 设置渐变颜色

图9-108 填充渐变色

图9-109 将路径转换成选区

STEP16 按Delete键删除图像，按Ctrl+D键取消选区，效果如图9-110所示。

STEP17 在"图层"面板上单击"创建新图层"按钮 ⬛，新建"图层3"图层，使用▣（直线工具），在属性栏上设置"粗细"为35px，在画布上绘制直线效果，如图9-111所示。

STEP18 按Ctrl+Enter键将路径转换为选区，在工具箱中设置"前景色"颜色值为RGB（255、255、255），按Alt+Delete键填充前景色，并按Ctrl+D键取消选区，如图9-112所示。

STEP19 使用相同的方法，绘制其他图像，效果如图9-113所示。

图9-110 清除选区

图9-111 绘制路径

图9-112 填充

图9-113 绘制图像

STEP20 在"图层"面板中同时选择"图层3"到"图层 3 副本 3"，按Ctrl+E键向下合并图层，将其重命名为"图层 3"，并设置"图层3"的"混合模式"为"柔光"，"不透明度"为25%，如图9-114所示。

STEP21 按住Ctrl键的同时在"图层"面板上单击"图层 1"图层，调出"图层1"图层的选区，并执行菜单"选择/修改/收缩"命令，打开"收缩选区"对话框，设置"收缩量"为5像素，单击"确定"按钮，效果如图9-115所示。

图9-114 合并图层　　　　　　　　　　　　　　　図9-115 收缩选区

STEP22 执行菜单"选择/反向"命令，反向选择选区，按Delete键删除选区中的图像，并按Ctrl+D键取消选区，效果如图9-116所示。

STEP23 使用T（横排文字工具）在页面中输入适合按钮的文字，并执行菜单"图层/栅格化/文字"命令，将文字栅格化，如图9-117所示。

STEP24 执行菜单"图层/图层样式/投影"命令，打开"图层样式"对话框，参数设置如图9-118所示。

STEP25 设置完毕后单击"确定"按钮，使用同样的方法制作其他文字。至此本例制作完毕，效果如图9-119所示。

图9-116 清除选区　　　图9-117 输入文字　　　图9-118 设置"投影"样式　　　图9-119 最终效果

实例82 水彩手绘 🔍

实例 目的 ✍

通过制作如图9-120所示的流程效果图，了解"混合模式"在本例中的应用。

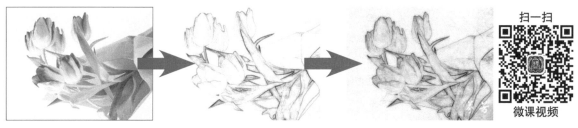

扫一扫

微课视频

图9-120 流程图

实例 重点

❊ 打开素材，复制背景并去色；

❊ 复制去色后的图层并应用"反相"命令；

❊ 应用"最小值"命令；

❊ 复制图像并进行模糊处理；

❊ 设置相应的混合模式。

实例 步骤

STEP 1 打开附赠资源中的"素材文件/第9章/花"素材，将其作为背景，如图9-121所示。

STEP 2 复制"背景"图层，得到"背景副本"图层，执行菜单"图像/调整/去色"命令，效果如图9-122所示。

STEP 3 再复制"背景副本"图层，得到"背景副本2"图层，执行菜单"图像/调整/反相"命令，制作图像为负片效果，设置"混合模式"为"颜色减淡"，如图9-123所示。此时图像将会变为空白。

◀ 图9-121　素材

◀ 图9-122　去色

◀ 图9-123　混合模式

STEP 4 执行菜单"滤镜/其他/最小值"命令，打开"最小值"对话框，设置"半径"为2像素，如图9-124所示。

STEP 5 设置完毕后单击"确定"按钮，效果如图9-125所示。

◀ 图9-124　"最小值"对话框

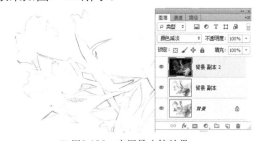

◀ 图9-125　应用最小值效果

STEP 6 将"背景副本"图层与"背景副本2"图层一同选取，按Ctrl+E键将其合并为一个图层，如图9-126所示。

STEP 7 再复制"背景副本2"图层，得到"背景副本3"图层，执行菜单"滤镜/模糊/高斯模糊"命令，打开"高斯模糊"对话框，设置"半径"为5像素，如图9-127所示。

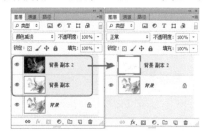

◀ 图9-126　合并

◀ 图9-127　"高斯模糊"对话框

STEP 8 设置完毕后单击"确定"按钮，设置"混合模式"为"线性加深"，效果如图9-128所示。

STEP 9 再复制一次"背景"图层，得到"背景副本"图层，将其移动到所有图层的最上面，设置"混合模式"为"颜色"，如图9-129所示。

图9-128　模糊效果　　　　　　　　　　　图9-129　混合模式

STEP10 打开附赠资源中的"素材文件/第9章/底图"素材，如图9-130所示。

STEP11 使用 （移动工具）拖动"底图"素材中的图像到"花"文件中，按Ctrl+T键调出变换框，拖动控制点将图像进行适当的缩放，如图9-131所示。

图9-130　素材　　　　　　　　　　　　图9-131　变换

STEP12 按Enter键确定，设置"混合模式"为"颜色加深"，效果如图9-132所示。

STEP13 复制"图层1"图层，得到"图层1副本"图层，设置"混合模式"为"线性加深"，效果如图9-133所示。

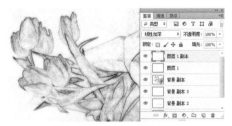

图9-132　混合模式1　　　　　　　　　　图9-133　混合模式2

STEP14 使用 （横排文字工具）在页面中键入文字。至此本例制作完毕，效果如图9-134所示。

图9-134　最终效果

实例83 七彩生活 🔍

实例 目的

通过制作如图9-135所示的流程效果图，了解"描边"命令在本例中的应用。

◣ 图9-135 流程图

实例 重点

✦ 应用"描边"命令制作图像边缘的描边；   ✦ 创建羽化选区；

✦ 填充渐变色；   ✦ 设置混合模式。

扫一扫

微课视频

实例 步骤

STEP 1 执行菜单"文件/新建"命令或按Ctrl+N键，打开"新建"对话框，设置文件的"宽度"为"18厘米"、"高度"为"13.5厘米"、"分辨率"为"150像素/英寸"、"颜色模式"为"RGB颜色"、"背景内容"为"白色"，然后单击"确定"按钮，如图9-136所示。

STEP 2 打开附赠资源中的"素材文件/第9章/ditu"素材，如图9-137所示。

STEP 3 使用 🏲 （移动工具）拖动ditu素材中的图像到新建文件中，按Ctrl+T键调出变换框，拖动控制点将图像进行适当的缩放，如图9-138所示。

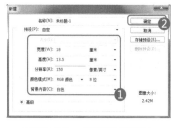

◣ 图9-136 "新建"对话框

◣ 图9-137 素材

◣ 图9-138 变换并移动

STEP 4 按Enter键确定，打开附赠资源中的"素材文件/第9章/夜景2"素材，如图9-139所示。

STEP 5 使用 🏲 （移动工具）拖动"夜景2"素材中的图像到新建文件中，按Ctrl+T键调出变换框，拖动控制点将图像进行适当缩放和旋转，效果如图9-140所示。

STEP 6 按Enter键确定，执行菜单"编辑/描边"命令，打开"描边"对话框，在"描边"部分设置"宽度"为15、"颜色"为"白色"；在"位置"部分选中"居外"单选按钮；"混合"部分为默认值，如图9-141所示。

STEP 7 设置完毕后单击"确定"按钮，描边后的效果如图9-142所示。

图9-139　素材

图9-140　变换

图9-141　"描边"对话框

图9-142　描边效果

STEP 8 执行菜单"图层/图层样式/投影"命令，打开"图层样式"对话框，参数设置如图9-143所示。

STEP 9 设置完毕后单击"确定"按钮，效果如图9-144所示。

STEP10 打开附赠资源中的"素材文件/第9章/汽车"素材，如图9-145所示。

图9-143　设置"投影"样式

图9-144　添加投影

图9-145　素材

STEP11 使用 ⊞（移动工具）拖动"汽车"素材中的图像到新建文件中，按Ctrl+T键调出变换框，拖动控制点将图像进行适当缩放和翻转，如图9-146所示。

STEP12 按Enter键确定。新建图层，选择 ⊡（矩形选框工具），设置"羽化"为20像素，在页面中绘制矩形选区，如图9-147所示。

图9-146　变换图像

图9-147　绘制选区

STEP13 选择 ▣（渐变工具），设置"渐变样式"为"线性渐变"、"渐变类型"为"色谱"，在选区内从上向下拖动鼠标添加渐变色，如图9-148所示。

STEP14 按Ctrl+D键取消选区，再按Ctrl+T键调出变换框，按住Ctrl键的同时拖动控制点将图像进行扭曲变换，效果如图9-149所示。

图9-148　渐变填充　　　　　　　　　　图9-149　变换

STEP15 按Enter键确定，再设置"混合模式"为"正片叠底"，效果如图9-150所示。

STEP16 打开附赠资源中的"素材文件/第9章/海星"素材，如图9-151所示。

图9-150　混合模式　　　　　　　　　　图9-151　素材

STEP17 使用（移动工具）拖动"海星"素材中的图像到新建文件中，按Ctrl+T键调出变换框，拖动控制点将图像进行适当缩放，如图9-152所示。

STEP18 按Enter键确定，执行菜单"图层/图层样式/投影"命令，打开"图层样式"对话框，参数设置如图9-153所示。

STEP19 设置完毕后单击"确定"按钮，再使用（横排文字工具）在页面中输入文字。至此本例制作完毕，效果如图9-154所示。

图9-152　变换图像　　　　图9-153　设置"投影"样式　　　　图9-154　最终效果

实例84　梦幻花园

实例　目的

通过制作如图9-155所示的流程效果图，了解"变换选区"在本例中的应用。

图9-155 流程图

实例 重点

★ 应用"魔棒工具"调出选区并移动
到素材中对选区进行相应的变换；

★ 应用画笔绘制草笔触；
★ 调整亮度。

实例 步骤

STEP 1 执行菜单"文件/新建"命令或按Ctrl+N键，打开"新建"对话框，设置文件的"宽度"为"18厘米"、"高度"为"13.5厘米"、"分辨率"为"150像素/英寸"、"颜色模式"为"RGB颜色"、"背景内容"为"白色"，然后单击"确定"按钮，如图9-156所示。

STEP 2 打开附赠资源中的"素材文件/第9章/城堡"素材，如图9-157所示。

STEP 3 使用（移动工具）拖动"城堡"素材中的图像到新建文件中，按Ctrl+T键调出变换框，拖动控制点将图像进行适当缩放，如图9-158所示。

图9-156 "新建"对话框

图9-157 素材1

图9-158 变换

STEP 4 按Enter键确定，打开附赠资源中的"素材文件/第9章/花海"素材，如图9-159所示。

STEP 5 打开附赠资源中的"素材文件/第9章/苹果Logo"素材，如图9-160所示。

STEP 6 选择（魔棒工具），设置选区类型为"添加到选区"、"容差"为40，勾选"连续"复选框，在白色苹果上单击创建三处选区，如图9-161所示。

图9-159 素材2

图9-160 素材3

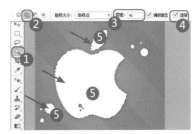

图9-161 创建选区

STEP 7 在属性栏中单击"新选区"按钮后，直接拖动选区到"花海"文件中，执行菜单"选择/变换选区"命令，调出变换选区变换框，直接拖动控制点将选区缩小，如图9-162所示。

STEP 8 按Enter键确定，按Ctrl+C键复制选区内的图像，转换到新建的文件中，按Ctrl+V键粘贴选区内容，效果如图9-163所示。

STEP 9 按Ctrl+T键调出变换框，按住Ctrl键的同时拖动控制点，将图像进行扭曲变换，使其出现透视效果，如图9-164所示。

◀ 图9-162 移动选区　　◀ 图9-163 复制并粘贴图像　　◀ 图9-164 变换

STEP10 按Enter键确定，将"前景色"设置为草绿色，新建"图层3"和"图层4"。选择 ✏️（画笔工具），设置笔触为"草"，设置相应的画笔直径，在Logo周围绘制草，如图9-165所示。

STEP11 选择"图层3"，执行菜单"图像/调整/亮度/对比度"命令，打开"亮度/对比度"对话框，设置"亮度"为-65、"对比度"为85，如图9-166所示。

STEP12 设置完毕后单击"确定"按钮。选择"图层4"，执行菜单"图像/调整/亮度/对比度"命令，打开"亮度/对比度"对话框，设置"亮度"为9、"对比度"为76，如图9-167所示。

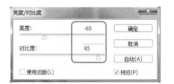
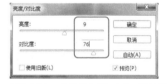

◀ 图9-165 绘制小草　　◀ 图9-166 "亮度/对比度"对话框1　　◀ 图9-167 "亮度/对比度"对话框2

STEP13 设置完毕后单击"确定"按钮，按Ctrl+E键两次，将"图层4""图层3"和"图层2"合并，效果如图9-168所示。

STEP14 执行菜单"图层/图层样式/投影"命令，打开"图层样式"对话框，参数设置如图9-169所示。

◀ 图9-168 合并图层效果　　◀ 图9-169 设置"投影"样式

STEP15 设置完毕后单击"确定"按钮，复制"图层4"，得到"图层4副本"，将"图层4"中的投影样式拖动到"删除"按钮上将其删除，选择"图层4"，按下键盘上的方向键几次，使其与上一图层发生错位，设置"不透明度"为80%，效果如图9-170所示。

STEP16 执行菜单"图像/调整/亮度/对比度"命令，打开"亮度/对比度"对话框，设置"亮度"为-138、"对比度"为30，如图9-171所示。

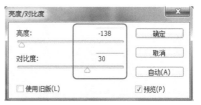

图9-170　图像效果　　　　　图9-171　"亮度/对比度"对话框

STEP17 设置完毕后单击"确定"按钮，效果如图9-172所示。

STEP18 打开附赠资源中的"素材文件/第9章/石径"素材，效果如图9-173所示。

图9-172　调整效果　　　　　图9-173　素材

STEP19 使用（多边形套索工具）沿石头绘制封闭选区，如图9-174所示。

STEP20 使用（移动工具）拖动选区内的图像到新建文件中，按Ctrl+T键调出变换框，拖动控制点将图像缩放相应的大小，再使用（横排文字工具）在页面右下方输入文字。至此本例制作完毕，如图9-175所示。

图9-174　创建选区　　　　　图9-175　最终效果

实例85　冰冻效果

实例　目的

通过制作如图9-176所示的流程效果图，了解"快速蒙版"在本例中的应用。

图9-176　流程图

实例 重点

⬥ 在快速蒙版编辑状态下创建蜘蛛图像的选区；

⬥ 复制蜘蛛图像所在图层，使用"高斯模糊""照亮边缘"和"铬黄"滤镜；

⬥ 设置图层"混合模式"，并使用"色相/饱和度"命令为图像着色。

扫一扫

微课视频

实例 步骤

STEP 1 ▶ 打开附赠资源中的"素材文件/第9章/蜘蛛"素材，如图9-177所示。

STEP 2 ▶ 选择工具箱中的"以快速蒙版模式编辑"按钮⬚，进入快速蒙版编辑模式，选择工具箱中的 ✎（画笔工具），在其属性栏上设置合适的笔触和大小，在图像上进行绘制，如图9-178所示。

STEP 3 ▶ 通过在"画笔工具"的属性栏上修改画笔的笔触和大小，继续在图像上进行涂抹，如图9-179所示。

技 巧

使用"画笔工具"，在快速蒙版编辑状态下进行绘制的过程中，需要随时调整画笔的笔触和大小来进行绘制，这样才有利于绘制出精确的选区。

◀ 图9-177 素材

◀ 图9-178 快速蒙版1

◀ 图9-179 快速蒙版2

STEP 4 ▶ 单击工具箱中的"以标准模式编辑"按钮⬚，返回标准编辑模式，得到蜘蛛图像的选区，如图9-180所示。

STEP 5 ▶ 执行菜单"图层/新建/通过拷贝的图层"命令，复制选区中的图像，效果如图9-181所示。

STEP 6 ▶ 拖动"图层1"图层至"创建新图层"按钮 ⬐ 上，复制"图层1"图层，得到"图层1 副本"图层，如图9-182所示。

◀ 图9-180 创建选区

◀ 图9-181 复制图层

◀ 图9-182 复制

STEP 7 ▶ 选中"图层1 副本"图层，执行菜单"滤镜/模糊/高斯模糊"命令，打开"高斯模糊"对话框，设置"半径"为3像素，如图9-183所示。

STEP 8 ▶ 单击"确定"按钮，完成"高斯模糊"对话框的设置，图像效果如图9-184所示。

STEP 9 执行菜单"滤镜/滤镜库"命令，在打开的对话框中选择"风格化/照亮边缘"，打开"照亮边缘"对话框，设置"边缘宽度"为5、"边缘亮度"为15、"平滑度"为5，如图9-185所示。

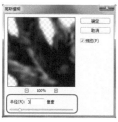

◁ 图9-183　设置参数　　　◁ 图9-184　模糊效果　　　◁ 图9-185　"照亮边缘"对话框

STEP10 单击"确定"按钮，完成"照亮边缘"对话框的设置，在"图层"面板中将"图层1副本"图层的"混合模式"修改为"滤色"，如图9-186所示。

STEP11 拖动"图层1"图层至"创建新图层"按钮 ◻ 上，复制"图层1"图层得到"图层1 副本2"图层，并将该层拖动到顶层，如图9-187所示。

◁ 图9-186　混合模式　　　　　◁ 图9-187　改变图层顺序

STEP12 选中"图层1 副本2"图层，执行菜单"滤镜/滤镜库"命令，在打开的对话框中选择"素描/铬黄"，打开"铬黄渐变"对话框，设置"细节"为4、"平滑度"为8，如图9-188所示。

STEP13 单击"确定"按钮，完成"铬黄渐变"对话框的设置，在"图层"面板中设置"图层1副本2"图层的"混合模式"为"叠加"，如图9-189所示。

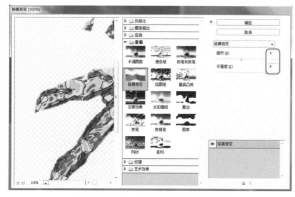

◁ 图9-188　"铬黄渐变"对话框　　　　◁ 图9-189　混合模式

STEP14 选中"图层1"图层，执行菜单"图层/调整/色相/饱和度"命令，打开"色相/饱和度"

对话框，参数设置如图9-190所示。

STEP15 单击"确定"按钮，完成"色相/饱和度"对话框的设置，图像效果如图9-191所示。

STEP16 选中"图层1 副本"图层，执行菜单"图层/调整/色相/饱和度"命令，打开"色相/饱和度"对话框，参数设置如图9-192所示。

图9-190 "色相/饱和度"对话框　　　图9-191 调整色相　　　图9-192 "色相/饱和度"对话框

STEP17 单击"确定"按钮，完成"色相/饱和度"对话框的设置，图像效果如图9-193所示。

STEP18 拖动"图层1 副本2"图层至"创建新图层"按钮 ◢ 上，复制"图层1 副本3"图层，并设置该图层的"混合模式"为"柔光"，如图9-194所示。

STEP19 至此本例制作完毕，效果如图9-195所示。

图9-193 调整色相　　　图9-194 混合模式　　　图9-195 最终效果

本章练习 🔍

练习

1. 新建空白文档，置入其他格式的图片。

2. 找一张照片通过"画布大小"命令制作描边效果。

习题

1. 在Photoshop中打开素材的快捷键是哪个？（　　　）

　　A. Alt+Q　　　　　　　　B. Ctrl+O　　　　　　　　C. Shift+O　　　　　　　　D. Tab+O

2. 运行速度比较快，且又能显示图形效果的预览方式是哪一种？（　　　）

　　A. 草稿　　　　　　　　B. 正常　　　　　　　　C. 线框　　　　　　　　D. 增强

3. 设置页面背景色时，只针对以下哪种效果？（　　　）

　　A. 纸张与所有显示区域　　B. 只针对纸张　　　　C. 矩形框内　　　　　　D. 纸张以外

第10章

Photoshop CS6

┃企业形象设计

CIS是指企业形象识别系统，英文为Corporate Identity System，简称CI。它是针对企业经营理念与精神文化，整体传达给企业内部与社会大众，并使其对企业产生一致的认同感或价值观，从而形成良好的企业形象和促销产品的设计系统。本章提供了Logo标志设计、名片设计、企业文化墙设计等几个实例，来介绍企业形象设计的相关知识。

┃本章重点 ✦

- ▷ Logo标志设计

- ▷ 名片设计

- ▷ 企业文化墙设计

- ▷ 纸杯设计

- ▷ 企业礼品袋设计

学习企业形象设计应了解以下几点：

* 设计理念
* 要素
* CI的具体组成部分
* 企业理念
* 企业行为
* 企业视觉
* VI欣赏

设计理念

设计者拒绝平庸，讨厌安逸。设计者认为苦也是一种味道，不要平淡无味。

设计者拒绝墨守成规，立志创业创新。设计者认为创业是一种生活方式，时时刻刻在前进。

设计者设计一个梦想，策划一个未来。但是如果得不到好的执行，设计者一定会愤怒。设计者不满足于客户的认可，更希望客户成功。

要素

具体地说，就是指企业的经营理念、文化素质、经营方针、产品开发、商品流通等有关企业经营的所有因素。从信息这一观点出发，从文化、形象、传播的角度来进行筛选，找出企业具有的潜在力，找出它的存在价值及美的价值，加以整合，使它在信息社会环境中转换为有效的标识。这种开发以及设计的行为就叫CI。

CI的具体组成部分

CI包括三部分，即MI（理念识别）、BI（行为识别）和VI（视觉识别），其中核心是MI，它是整个CI的最高决策层，给整个系统奠定了理论基础和行为准则，并通过BI、VI表达出来。所有的行为活动与视觉设计都是围绕着MI这个中心展开的，成功的BI与VI就是将企业富有个性的、独特的精神准确地表达出来。BI直接反映企业理念的个性和特殊性，包括对内的组织管理和教育、对外的

公共关系、促销活动、资助社会性的文化活动等。VI是企业的视觉识别系统，包括基本要素（企业名称、企业标志、标准字、标准色、企业造型等）和应用要素（产品造型、办公用品、服装、招牌、交通工具等），通过具体符号的视觉传达设计，直接进入人脑，留下对企业的视觉影像。企业形象是企业自身的一项重要无形资产，因为它代表着企业的信誉、产品质量、人员素质、股票的涨跌等。塑造企业形象虽然不一定马上给企业带来经济效益，但它能创造良好的社会效益，获得社会的认同感、价值观，最终会收到由社会效益转化来的经济效益。它是一笔重大而长远的无形资产的投资。未来的企业竞争不仅仅是产品品质、品种之战，更重要的还是企业形象之战，因此塑造企业形象便逐渐成为有长远眼光企业的长期战略。

企业理念

从理论上讲，企业的经营理念是企业的灵魂，是企业哲学、企业精神的集中表现。同时，也是整个企业识别系统的核心和依据。企业的经营理念要反映企业存在的社会价值、企业追求的目标以及企业的经营这些内容，通过尽可能用简明确切的、能被企业内外所乐意接受的、易懂易记的语句来表达。

企业行为

企业行为识别的要旨是企业在内部协调和对外交往中应该有一种规范性准则。这种准则具体体现在全体员工上下一致的日常行为中。也就是说，员工们的行为举动都应该是一种企业行为，能反映出企业的经营理念和价值取向，而不是独立的、随心所欲的个人行为。行为识别需要员工们在理解企业经营理念的基础上，把它变为发自内心的自觉行动，只有这样，才能使同一理念在不同的

场合、不同的层面中具体落实到管理行为、销售行为、服务行为和公共关系行为中去。企业的行为识别是企业处理协调人、事、物的动态动作系统。行为识别的贯彻，对内包括新产品开发、员工分配以及文明礼貌规范等，对外包括市场调研及商品促进、各种报务及公关准则，与金融、上下游合作伙伴以及代理经销商的交往行为准则。

企业视觉 🔍 ➡

任何一个企业想进行宣传并传播给社会

大众，从而塑造可视的企业形象，都需要依赖传播系统，传播的成效大小完全依赖于在传播系统模式中的符号系统的设计能否被社会大众辨认与接受，并给社会大众留下深刻的印象。符号系统中的基本要素都是传播企业形象的载体，企业通过这些载体来反映企业形象，这种符号系统可称做企业形象的符号系统。VI是一个严密而完整的符号系统，它的特点在于展示清晰的"视觉力"结构，从而准确地传达独特的企业形象，通过差异性面貌的展现，从而达成企业认识、识别的目的。

VI欣赏 🔍 ➡

实例86　Logo标志设计 🔍 ➡

实例 目的 🖐

通过制作如图10-1所示的流程效果图，了解"极坐标"在本例中的应用。

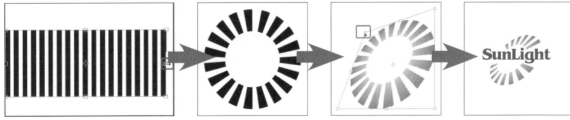

图10-1　流程图

实例 重点

- 使用▢（矩形工具）绘制黑色矩形；
- 应用"动作"面板对矩形进行复制；
- 使用"极坐标"命令将图像扭曲；
- 使用▢（渐变工具）为选区填充渐变色；
- 调出变换框对图像进行扭曲变换。

扫一扫

微课视频

实例 步骤

STEP 1 执行菜单"文件/新建"命令或按Ctrl+N键，打开"新建"对话框，设置参数如图10-2所示。

STEP 2 将前景色设置为"黑色"，单击"创建新图层"按钮，新建"图层1"图层，使用▢（矩形工具），选择"像素"选项，在页面的左下角处绘制黑色矩形，如图10-3所示。

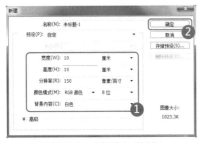

图10-2 "新建"对话框

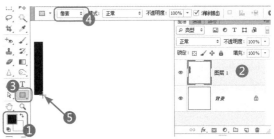

图10-3 绘制矩形

STEP 3 打开"动作"面板，单击"创建新动作"按钮，在打开的"新建动作"对话框中设置"名称"为"动作1"，其他为默认值，再单击"记录"按钮，如图10-4所示。

STEP 4 记录动作后，在"图层"面板中复制"图层1"图层，得到"图层1副本"图层，使用▸（移动工具）将副本图像向右移动，如图10-5所示。

图10-4 新建动作

图10-5 复制

STEP 5 在"动作"面板中单击"停止播放/记录"按钮，再单击"播放选定的动作"按钮，如图10-6所示。

STEP 6 单击"播放选定的动作"按钮数次，直到将小矩形复制到图像的右侧为止，如图10-7所示。

STEP 7 将"图层1"与"图层1"所有副本选取，按Ctrl+E键将其合并为一个图层，如图10-8所示。

图10-6 动作

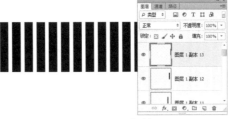

图10-7 复制

图10-8 合并

STEP 8 按Ctrl+T键调出变换框，拖动右边的控制点将图像缩短，效果如图10-9所示。

STEP 9 按Enter键确定，执行菜单"滤镜/扭曲/极坐标"命令，打开"极坐标"对话框，勾选"平面坐标到极坐标"复选框，如图10-10所示。

STEP10 设置完毕后单击"确定"按钮，效果如图10-11所示。

◁ 图10-9　变换　　　　　　　　◁ 图10-10　"极坐标"对话框　　　　◁ 图10-11　极坐标效果

STEP11 按住Ctrl键单击"图层1副本18"图层的缩略图，调出选区，将前景色设置为"黄色"、背景色设置为"红色"，使用 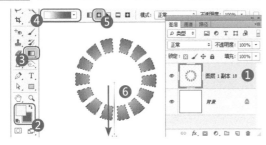（渐变工具），设置"渐变样式"为"径向渐变"、"渐变类型"为"从前景色到背景色"，在图像中心向外拖动鼠标填充渐变色，效果如图10-12所示。

STEP12 按Ctrl+D键取消选区，再按Ctrl+T键调出变换框，然后按住Ctrl键拖动控制点对图像进行扭曲变换，如图10-13所示。

STEP13 按Enter键确定，使用 T （横排文字工具）在页面中输入英文SunLight，如图10-14所示。

◁ 图10-12　填充渐变色　　　　　　◁ 图10-13　变换　　　　　◁ 图10-14　输入文字

STEP14 按Ctrl+T键调出变换框，拖动控制点将图像缩小，按Enter键确定，再使用 （多边形套索工具）在图像上创建选区，按Delete键清除选区内容，效果如图10-15所示。

STEP15 按Ctrl+D键取消选区。至此本例制作完毕，效果如图10-16所示。

◁ 图10-15　清除选区内容　　　　　◁ 图10-16　最终效果

实例87 名片设计 🔍

实例 目的

通过制作如图10-17所示的流程效果图，了解"合并图层"命令在本例中的应用。

图10-17 流程图

实例 重点

⭐ 将选取的图层图像导入到新建文件中；　　⭐ 变换图像的大小；

⭐ 复制图层并合并选取的图层；　　　　　　⭐ 设置图层的不透明度。

扫一扫

微课视频

实例 步骤

STEP 1 执行菜单"文件/新建"命令或按Ctrl+N键，打开"新建"对话框，设置文件的"宽度"为"9厘米"、"高度"为"5厘米"、"分辨率"为"150像素/英寸"、"颜色模式"为"RGB颜色"、"背景内容"为"白色"，然后单击"确定"按钮，如图10-18所示。

STEP 2 执行菜单"文件/打开"命令，在"打开"对话框中选择之前存储的"标志设计"文件，将其打开，选择除背景以外的两个图层，如图10-19所示。

STEP 3 使用 ⊕ （移动工具）拖动选择的图层图像到新建的文件中，再复制新导入的图像图层，如图10-20所示。

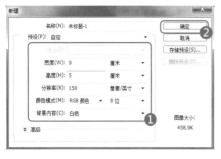  

图10-18 "新建"对话框　　　图10-19 选择图层　　　图10-20 复制图层

STEP 4 选取文字图层与复制的图像图层，按Ctrl+E键将其合并，按Ctrl+T键调出变换框，拖动控制点将图像缩小，如图10-21所示。

STEP 5 选择"图层1副本18"图层，使用 ⊕ （移动工具）将图像拖动到文件的右上角，如图10-22所示。

图10-21　合并　　　　　　　　　　　　　图10-22　移动

STEP 6 新建一个图层，按住Ctrl键的同时单击"图层1副本18"图层的缩略图，调出选区，将选区填充为灰色，按向下键将其向下移动，效果如图10-23所示。

STEP 7 按Ctrl+D键取消选区，分别设置两个图层的"不透明度"为50%和20%，效果如图10-24所示。

STEP 8 使用 ✎（直线工具）和 T（横排文字工具）在页面中绘制黑色直线和输入相应的文字。至此本例制作完毕，效果如图10-25所示。

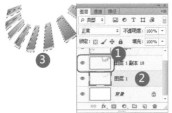

图10-23　调出选区填充灰色　　　　图10-24　不透明度　　　　图10-25　最终效果

实例88　企业文化墙设计

实例　目的

通过制作如图10-26所示的流程效果图，了解"高斯模糊"命令在本例中的应用。

图10-26　流程图

实例　重点

★ 使用 ▢（矩形工具）绘制矩形；
★ 为图层添加预设样式；
★ 为背景图层应用"光照效果"命令；
★ 新建图层，绘制选区并填充颜色；
★ 应用"高斯模糊"命令制作图像的模糊效果；
★ 设置"混合模式"为"叠加"。

扫一扫

微课视频

实例 步骤

STEP 1 执行菜单"文件/新建"命令或按Ctrl+N键，打开"新建"对话框，设置文件的"宽度"为"18厘米"、"高度"为"13.5厘米"、"分辨率"为"150像素/英寸"、"颜色模式"为"RGB颜色"、"背景内容"为"白色"，然后单击"确定"按钮，如图10-27所示。

STEP 2 将前景色设置为"蓝色"，按Alt+Delete键填充前景色，如图10-28所示。

图10-27 "新建"对话框

图10-28 填充前景色

STEP 3 新建"图层1"，将前景色设置为"黑色"，使用 ▢（矩形工具），选择"像素"选项，在文件中绘制一个黑色矩形，效果如图10-29所示。

STEP 4 打开"样式"面板，单击"弹出菜单"按钮，在弹出的菜单中选择"Web样式"命令，在面板中选择"黑色电镀金属"样式，如图10-30所示。

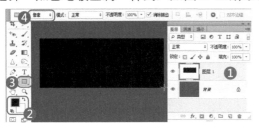

图10-29 绘制黑色矩形

图10-30 选择样式

STEP 5 应用样式后的效果如图10-31所示。

STEP 6 选择背景图层，执行菜单"滤镜/渲染/光照效果"命令，打开"光照效果"属性面板，参数设置如图10-32所示。

STEP 7 设置完毕后单击"确定"按钮，效果如图10-33所示。

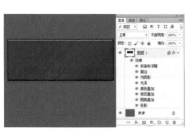

图10-31 应用样式

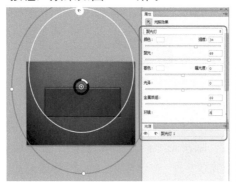

图10-32 "光照效果"属性面板

图10-33 光照效果

STEP 8 新建"图层2"，使用 ▣（矩形选框工具）绘制一个矩形选区并将其填充为白色，效果如图10-34所示。

STEP 9 按Ctrl+D键取消选区，执行菜单"滤镜/模糊/高斯模糊"命令，打开"高斯模糊"对话框，设置"半径"为75像素，如图10-35所示。

STEP10 设置完毕后单击"确定"按钮，设置"混合模式"为"叠加"，效果如图10-36所示。

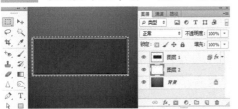

◁ 图10-34 绘制选区填充白色　　◁ 图10-35 "高斯模糊"对话框　　◁ 图10-36 混合模式

STEP11 执行菜单"文件/打开"命令，在"打开"对话框中选择之前存储的"标志设计"文件，将其打开，选择除背景以外的两个图层，如图10-37所示。

STEP12 使用 ▸◂（移动工具）拖动选择的图层图像到新建的文件中，按Ctrl+T键调出变换框，拖动控制点改变图像大小，如图10-38所示。

STEP13 将导入的文字修改为白色，使用 Ⓣ（横排文字工具）在页面中输入其他文字。至此本例制作完毕，效果如图10-39所示。

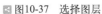

◁ 图10-37 选择图层　　◁ 图10-38 变换　　◁ 图10-39 最终效果

实例89 纸杯设计 🔍

实例 目的

通过制作如图10-40所示的流程效果图，了解"渐变编辑器"在本例中的应用。

◁ 图10-40 流程图

扫一扫

实例 重点

★ 应用"光照效果"命令制作背景；
★ 绘制矩形和椭圆形；
★ 使用"渐变编辑器"编辑渐变色；
★ 为选区填充渐变颜色；
★ 通过蒙版制作图像倒影效果。

微课视频

201

实例 步骤 ✍

STEP 1 执行菜单"文件/新建"命令或按Ctrl+N键，打开"新建"对话框，设置文件的"宽度"为"18厘米"、"高度"为"13.5厘米"、"分辨率"为"150像素/英寸"、"颜色模式"为"RGB颜色"、"背景内容"为"白色"，然后单击"确定"按钮，如图10-41所示。

STEP 2 将前景色设置为"蓝色"，按Alt+Delete键填充前景色，如图10-42所示。

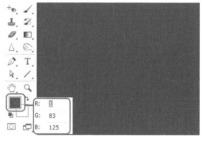

◁ 图10-41 "新建"对话框　　　　　　　　◁ 图10-42 填充前景色

STEP 3 执行菜单"滤镜/渲染/光照效果"命令，打开"光照效果"属性面板，参数设置如图10-43所示。

STEP 4 设置完毕后单击"确定"按钮，效果如图10-44所示。

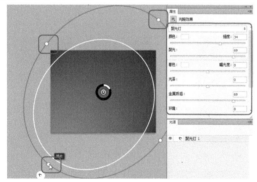

◁ 图10-43 光照效果设置　　　　　　　　◁ 图10-44 光照效果

STEP 5 新建"图层1"，将前景色设置为"白色"，使用 ◯（椭圆工具），选择"像素"选项，在文件中绘制一个白色椭圆形，如图10-45所示。

STEP 6 使用 ▢（矩形工具）绘制一个白色矩形，如图10-46所示。

STEP 7 按Ctrl+T键调出变换框，按住Ctrl键的同时分别向外拖动上面的两个控制点，使其产生透视效果，如图10-47所示。

◁ 图10-45 绘制白色椭圆形　　　◁ 图10-46 绘制矩形　　　◁ 图10-47 变换

STEP 8 新建"图层2"，使用 （椭圆工具）在图像中绘制一个白色椭圆形，如图10-48所示。

STEP 9 选择 （渐变工具），单击"渐变颜色条"，打开"渐变编辑器"对话框，设置从左到右的颜色依次为灰色、白色和灰色，单击"确定"按钮，如图10-49所示。

STEP10 按住Ctrl键的同时单击"图层2"的缩略图，调出"图层2"图像的选区，选择 （渐变工具），设置"渐变样式"为"线性渐变"，再从选区的左边向右拖动鼠标填充渐变色，效果如图10-50所示。

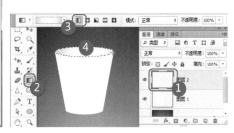

◀ 图10-48 绘制椭圆　　　　◀ 图10-49 设置渐变颜色　　　　◀ 图10-50 填充渐变色

STEP11 选择"图层1"，按住Ctrl键的同时单击"图层1"的缩略图，调出"图层1"图像的选区，选择 （渐变工具），设置"渐变样式"为"线性渐变"，从右边向左边拖动鼠标填充渐变色，效果如图10-51所示。

STEP12 选取"图层1"和"图层2"，按Ctrl+E键将选取的图层合并为一个"图层2"，如图10-52所示。

◀ 图10-51 调出选区填充渐变色　　　　◀ 图10-52 合并图层

STEP13 使用 （移动工具）在按住Alt键的同时向右拖动图像，系统会自动复制一个该图层的副本，如图10-53所示。

STEP14 执行菜单"文件/打开"命令，在"打开"对话框中选择之前存储的"标志设计"文件，将其打开，选择除背景以外的两个图层，如图10-54所示。

STEP15 使用 （移动工具）拖动选择的图层图像到新建的文件中，按Ctrl+E键将其合并为一个图层，将合并后的图层复制出两个副本，如图10-55所示。

◀ 图10-53 复制　　　　◀ 图10-54 选择图层　　　　◀ 图10-55 复制

STEP16 分别选择两个文字副本图层，使用 ✐（橡皮擦工具）将杯子外面的图像进行擦除，如图10-56所示。

STEP17 将图标与对应的杯子选取后，按Ctrl+E键将其合并为一个图层，如图10-57所示。

STEP18 按Ctrl+T键调出变换框，拖动控制点将图像进行旋转，效果如图10-58所示。

◁图10-56　擦除　　　　◁图10-57　合并　　　　◁图10-58　变换

STEP19 按Enter键确定，复制正立的杯子，执行菜单"编辑/变换/垂直翻转"命令，将图像进行垂直翻转并向下移动，再单击"添加图层蒙版"按钮，为图层添加空白蒙版，如图10-59所示。

STEP20 选择 ▦（渐变工具），设置"渐变样式"为"线性渐变"、"渐变类型"为"从白色到黑色"，在页面中从上向下拖动鼠标填充渐变蒙版，如图10-60所示。

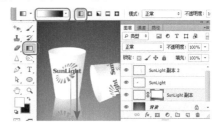

◁图10-59　添加蒙版　　　　◁图10-60　编辑蒙版

STEP21 调整相应的"不透明度"后，复制倒着的杯子并向下移动，执行菜单"编辑/变换/垂直翻转"命令，将图像进行垂直翻转，按Ctrl+T键调出变换框，按住Ctrl键拖动控制点将其进行扭曲变换，如图10-61所示。

STEP22 按Enter键确定，使用与制作正立杯子倒影同样的方法，制作倒立杯子的投影效果，再使用 ◯（椭圆选框工具）在杯口处绘制圆环制作杯口效果，最后输入其他文字。至此本例制作完毕，效果如图10-62所示。

◁图10-61　变换　　　　◁图10-62　最终效果

实例90　企业礼品袋设计 🔍

实例 目的 ✎

通过制作如图10-63所示的流程效果图，了解"亮度/对比度"命令在本例中的应用。

图10-63 流程图

实例 重点

* 应用"光照效果"命令和■（渐变工具）制作图像的背景；
* 使用■（矩形工具）绘制手提袋；
* 应用"变换"命令对图像进行扭曲变换；
* 应用"亮度/对比度"命令设置图像的明暗度；
* 合并图层并添加投影。

扫一扫

微课视频

实例 步骤

STEP 1 执行菜单"文件/新建"命令或按Ctrl+N键，打开"新建"对话框，设置文件的"宽度"为"18厘米"、"高度"为"13.5厘米"、"分辨率"为"150像素/英寸"、"颜色模式"为"RGB颜色"、"背景内容"为"白色"，然后单击"确定"按钮，如图10-64所示。

STEP 2 将前景色设置为"蓝色"，按Alt+Delete键填充前景色，如图10-65所示。

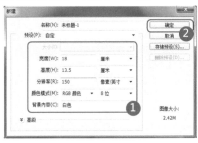

图10-64 "新建"对话框

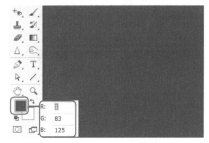

图10-65 填充前景色

STEP 3 执行菜单"滤镜/渲染/光照效果"命令，打开"光照效果"属性面板，参数设置如图10-66所示。

STEP 4 设置完毕后单击"确定"按钮，效果如图10-67所示。

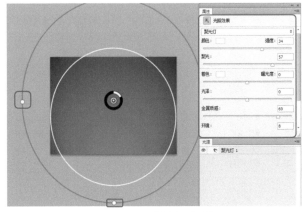

图10-66 光照效果设置

图10-67 光照效果

STEP 5 新建"图层1"，绘制一个矩形选区，选择▣（渐变工具），设置"渐变样式"为"线性渐变"、"渐变类型"为"从前景色到透明"，在选区内从上向下拖动鼠标填充渐变色，效果如图10-68所示。至此背景部分制作完成。

STEP 6 按Ctrl+D键取消选区，新建"图层2"，将前景色设置为"白色"，使用▣（矩形工具）在页面中绘制一个白色矩形，如图10-69所示。

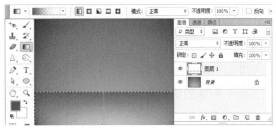

◀ 图10-68　填充渐变色　　　　　　　　　◀ 图10-69　绘制矩形

STEP 7 执行菜单"文件/打开"命令，在"打开"对话框中选择之前存储的"标志设计"文件，将其打开，选择除"背景"以外的两个图层，使用▸（移动工具）拖动选择的两个图层中的图像到新建文件中，按Ctrl+T键调出变换框，拖动控制点将图像缩小，效果如图10-70所示。

STEP 8 按Enter键确定，单独复制渐变图像，按Ctrl+T键调出变换框，拖动控制点将图像放大，效果如图10-71所示。

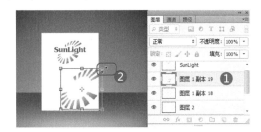

◀ 图10-70　变换　　　　　　　　　◀ 图10-71　复制并变换

STEP 9 按Enter键确定，按住Ctrl键的同时单击"图层1副本19"图层的缩略图，调出选区，新建"图层3"，将选区填充灰色，并将其向下移动，如图10-72所示。

STEP10 按Ctrl+D键取消选区，设置"图层3"的"不透明度"为40%，"图层1副本19"的"不透明度"为60%，如图10-73所示。

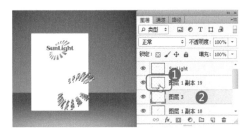

◀ 图10-72　填充　　　　　　　　　◀ 图10-73　设置不透明度

STEP11 按住Ctrl键的同时单击"图层2"图层的缩略图，调出选区，按Ctrl+Shift+I键将选区反选，再选择"图层3"和"图层1副本19"图层，按Delete键清除选区内容，效果如图10-74所示。

STEP12 按Ctrl+D键取消选区，在"图层"面板中将除"背景"和"图层1"以外的所有图层一同选取，按Ctrl+E键合并图层，并将合并后的图层命名为"正面"，如图10-75所示。

◀ 图10-74 调出选区填充渐变色

◀ 图10-75 合并

STEP13 新建"图层2"，使用 ⬚ (矩形选框工具) 绘制一个矩形选区，将前景色设置为"黄色"，背景色设置为"红色"。选择 ▣ (渐变工具)，设置"渐变样式"为"径向渐变"、"渐变类型"为"从前景色到背景色"，使用 ▣ (渐变工具) 在选区中间向下拖动鼠标填充渐变色，如图10-76所示。

STEP14 使用 ⅠT (直排文字工具) 在页面中输入相应的文字，将文字图层与图层一同选取，按Ctrl+E键合并图层，并将合并后的图层命名为"侧面"，如图10-77所示。

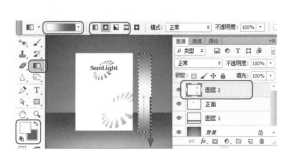

◀ 图10-76 填充渐变色

◀ 图10-77 输入文字

STEP15 选择"正面"图层，使用 ⬚ (矩形选框工具) 绘制一个矩形选区，如图10-78所示。

STEP16 按Ctrl+X键剪切，再按Ctrl+V键粘贴，将剪切的图像粘贴到新建的图层中，如图10-79所示。

◀ 图10-78 绘制选区

◀ 图10-79 粘贴

STEP17 选择"正面"图层，按Ctrl+T键调出变换框，按住Ctrl键的同时拖动控制点将图像进行变换，如图10-80所示。

STEP18 按Enter键确定，选择"图层2"图层，按Ctrl+T键调出变换框，按住Ctrl键的同时拖动控制点将图像进行变换，如图10-81所示。

◁图10-80　变换1　　　　　　　　　　　　　　◁图10-81　变换2

STEP19 按Enter键确定，选择"正面"图层并调出选区，将前景色设置为"灰色"，选择▣（渐变工具），设置"渐变样式"为"线性渐变"、"渐变类型"为"从前景色到透明"，在图像中从下向上拖动鼠标填充渐变色，如图10-82所示。

STEP20 按Ctrl+D键取消选区，选择"侧面"图层，按Ctrl+T键调出变换框，按住Ctrl键的同时拖动控制点将图像进行变换，如图10-83所示。

◁图10-82　填充渐变色　　　　　　　　　　◁图10-83　变换操作

STEP21 按Enter键确定，使用▽（多边形套索工具）在侧面的底部绘制一个选区，按Ctrl+T键调出变换框，按住Ctrl键的同时拖动控制点将图像进行变换，如图10-84所示。

STEP22 使用▽（多边形套索工具）在侧面创建一个选区，执行菜单"图像/调整/亮度/对比度"命令，打开"亮度/对比度"对话框，设置"亮度"为-112、"对比度"为-8，如图10-85所示。

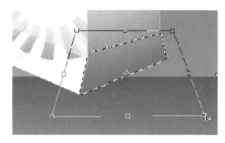

◁图10-84　变换　　　　　　　　◁图10-85　"亮度/对比度"对话框

STEP23 设置完毕后单击"确定"按钮，效果如图10-86所示。

STEP24 使用▽（多边形套索工具）在侧面底部创建一个选区，执行菜单"图像/调整/亮度/对比度"

命令，打开"亮度/对比度"对话框，设置"亮度"为-50、"对比度"为-10，如图10-87所示。

STEP25 设置完毕后单击"确定"按钮，效果如图10-88所示。

◀图10-86 亮度/对比度效果　　◀图10-87 "亮度/对比度"对话框　　◀图10-88 调整亮度/对比度效果

STEP26 新建一个图层，使用（多边形套索工具）绘制一个与正面相对应的兜口选区，并将其填充为灰色，如图10-89所示。

STEP27 在兜口处创建选区并对其应用"亮度/对比度"命令，进行亮度和对比度的调整，效果如图10-90所示。

STEP28 新建一个图层，使用（画笔工具）在兜口处绘制红色拎绳，如图10-91所示。

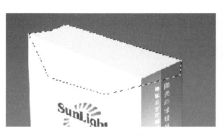

◀图10-89 填充　　　　　　◀图10-90 调整　　　　　　◀图10-91 绘制

STEP29 将手提袋所涉及的图层一同选取，按Ctrl+E键将其合并为一个图层。执行菜单"图层/图层样式/投影"命令，打开"图层样式"对话框，参数设置如图10-92所示。

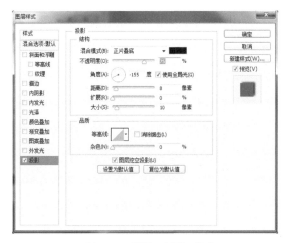

◀图10-92 设置"投影"样式

STEP30 设置完毕后单击"确定"按钮，复制一个手提袋图层，按Ctrl+T键调出变换框，拖动控制点将图像进行适当的旋转，如图10-93所示。

STEP31 至此本例制作完毕，效果如图10-94所示。

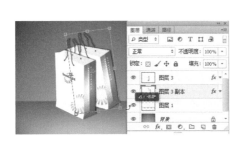

图10-93 变换

图10-94 最终效果

┃本章练习 Q

练习

自己虚拟一个企业，设计一个与之相对应的Logo，规格不限。

第11章

Photoshop CS6

|广告海报设计

广告海报设计是对图像、文字、色彩、版面、图形等表达广告的元素，结合广告媒体的使用特征，在计算机上通过相关设计软件来为实现表达广告目的和意图，所进行平面艺术创意的一种设计活动或过程，主要是指从创意到制作的这个中间过程。海报设计是广告的主题、创意、语言文字、形象和衬托五个要素构成的组合安排。设计的最终目的就是通过广告来达到吸引人们眼球的目的。

本章以案例的形式精心设计了三个不同行业的广告海报，分别是公益广告海报设计、电影海报设计和牛奶广告设计。

|本章重点

学习广告设计应了解以下几点：

* 广告设计的3I要求
* 设计形式
* 广告海报的分类
* 广告设计欣赏

广告设计的3I要求

Impact(冲击力)

从视觉表现的角度来衡量，视觉效果是吸引受众并用他们喜欢的语言来传达产品的利益点。一则成功的平面广告在画面上应该有非常强的吸引力，例如色彩的科学运用、合理搭配，图片的准确运用等。

Information(信息内容)

一则成功的平面广告通过简单、清晰的信息内容准确传递利益要点。广告信息内容要能够系统化地融合消费者的需求点、利益点和支持点等沟通要素。

Image(品牌形象)

从品牌的定位策略高度来衡量，一则成功的平面广告画面应该符合稳定、统一的品牌个性和符合品牌定位策略；在同一宣传主题下面的不同广告版本，其创作表现的风格和整体表现应该能够保持一致和连贯性。

设计形式

* 店内海报设计：店内海报通常应用于营业店面内，用于店内装饰和宣传。店内海报的设计需要考虑店内的整体风格、色调及营业的内容，力求与环境相融。
* 招商海报设计：招商海报通常以商业宣传为目的，采用引人注目的视觉效果达

到宣传某种商品或服务的目的。设计是要表现商业主题、突出重点，不宜太花哨。

* 展览海报设计：展览海报主要用于展览会的宣传，常分布于街道、影剧院、展览会、商业闹区、车站、码头、公园等公共场所。它具有传播信息的作用，涉及内容广泛、艺术表现力丰富、远视效果强。

* 平面海报设计：平面海报设计不同于其他海报设计，它是单体的、独立的一种海报广告文案，这种海报往往需要更多的抽象表达。平面海报设计时没有那么多的拘束，可以是随意的一笔，只要能表达出宣传的主体就很好了。所以平面海报设计是比较符合现代广告界青睐的一种低成本、观赏力强的画报。

广告海报的分类

海报按其应用不同大致可以分为商业海报、文化海报、电影海报和公益海报等。

* 商业海报：商业海报是指宣传商品或商业服务的商业广告性海报。商业海报的设计要恰当地配合产品的格调和受众对象。

* 文化海报：文化海报是指各种社会文娱活动及各类展览的宣传海报。展览的种类很多，不同的展览都有它各自的特点，设计师需要了解展览和活动的内容才能运用恰当的方法表现其内容和风格。

* 电影海报：电影海报是海报的分支，主要是起到吸引观众注意、刺激电影票房收入的作用，与戏剧海报、文化海报等有几分类似。

* 公益海报：社会公益海报是带有一定思想性的。这类海报具有特定的对公众的教育意义，其海报主题包括各种社会公益、道德的宣传，或政治思想的宣传，弘扬爱心奉献、共同进步的精神等。

广告设计欣赏

实例91　公益广告海报设计

实例　目的

通过制作如图11-1所示的流程效果图，了解蒙版与"加深工具"在本例中的应用。

◀图11-1　流程图

实例　重点

* ★ 应用"光照效果"命令制作图像的背景；
* ★ 为导入的素材添加预设样式；
* ★ 调整"色相/饱和度""亮度/对比度"和"色阶"；
* ★ 添加图层蒙版并应用"画笔工具"编辑蒙版；

* ★ 应用"加深工具"对边缘进行加深处理；
* ★ 添加图层蒙版并应用"渐变工具"编辑蒙版；
* ★ 填充渐变色。

扫一扫

微课视频

实例　步骤

制作背景

STEP 1 执行菜单"文件/新建"命令或按Ctrl+N键，打开"新建"对话框，设置文件的"宽度"为"18厘米"、"高度"为"13.5厘米"、"分辨率"为"150像素/英寸"、"颜色模式"为"RGB颜色"、"背景内容"为"白色"，然后单击"确定"按钮，如图11-2所示。

◀图11-2　"新建"对话框

STEP 2 将前景色设置为"蓝色"，按Alt+Delete键填充前景色，如图11-3所示。

STEP 3 执行菜单"滤镜/渲染/光照效果"命令，打开"光照效果"属性面板，参数设置如图11-4所示。

STEP 4 设置完毕后单击"确定"按钮，此时背景制作完毕，效果如图11-5所示。

◧ 图11-3　填充前景色　　　　　◧ 图11-4　光照效果设置　　　　　◧ 图11-5　光照效果

制作广告主体

STEP 5 打开附赠资源中的"素材文件/第11章/水饺"素材，如图11-6所示。

STEP 6 使用⊕（移动工具）拖动"水饺"素材中的图像到新建文件中，得到"图层1"，按Ctrl+T键调出变换框，拖动控制点将图像进行旋转，如图11-7所示。

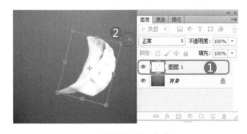

◧ 图11-6　素材　　　　　　　　◧ 图11-7　变换

STEP 7 按Enter键确定，再打开附赠资源中的"素材文件/第11章/锁"素材，效果如图11-8所示。

STEP 8 选择⬚（魔棒工具），设置"容差"为32，单击"添加到选区"按钮后，再使用⬚（魔棒工具）在背景上单击，将背景选区调出，如图11-9所示。

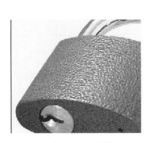

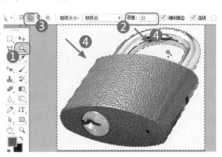

◧ 图11-8　素材　　　　　　　　◧ 图11-9　选区

STEP 9 按Ctrl+Shift+I键将选区反选，使用 ⊕（移动工具）拖动选区内的图像到新建文件中，得到"图层2"，按Ctrl+T键调出变换框，拖动控制点将图像进行旋转和缩小，效果如图11-10所示。

STEP10 按Enter键确定，复制"图层2"后，将副本隐藏，选择"图层2"，在"样式"面板中单击"水银"，效果如图11-11所示。

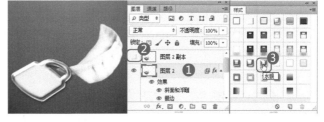

图11-10 变换　　　　　　　　　　　　　　　图11-11 添加样式

STEP11 新建"图层3"，将"图层3"和"图层2"一同选取，按Ctrl+E键将其合并，效果如图11-12所示。

STEP12 执行菜单"图像/调整/色相/饱和度"命令，打开"色相/饱和度"对话框，勾选"着色"复选框，设置"色相"为198、"饱和度"为85、"明度"为0，如图11-13所示。

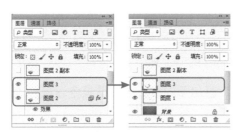

图11-12 合并　　　　　　　　　　　　　图11-13 "色相/饱和度"对话框

STEP13 设置完毕后单击"确定"按钮，效果如图11-14所示。

STEP14 执行菜单"图像/调整/色阶"命令，打开"色阶"对话框，参数设置如图11-15所示。

STEP15 设置完毕后单击"确定"按钮，效果如图11-16所示。

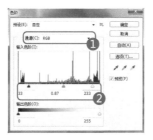

图11-14 调整色相　　　　图11-15 "色阶"对话框　　　　图11-16 调整色阶效果

STEP16 执行菜单"图像/调整/色相/饱和度"命令，打开"色相/饱和度"对话框，设置"色相"为0、"饱和度"为-35、"明度"为22，如图11-17所示。

STEP17 设置完毕后单击"确定"按钮，效果如图11-18所示。

◁ 图11-17 "色相/饱和度"对话框

◁ 图11-18 调整饱和度

STEP18 将"图层2副本"显示并设置"混合模式"为"柔光"，效果如图11-19所示。

STEP19 按Ctrl+E键向下合并图层，执行菜单"图像/调整/亮度/对比度"命令，打开"亮度/对比度"对话框，设置"亮度"为-5、"对比度"为-35，如图11-20所示。

STEP20 设置完毕后单击"确定"按钮，效果如图11-21所示。

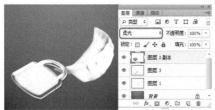

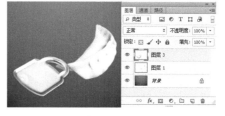

◁ 图11-19 混合模式　　　　◁ 图11-20 "亮度/对比度"对话框　　　　◁ 图11-21 调整亮度

STEP21 单击"添加图层蒙版"按钮，为"图层3"添加图层蒙版，将前景色设置为"黑色"，使用 ✍（画笔工具）在锁环处进行涂抹，对其应用蒙版，效果如图11-22所示。

STEP22 蒙版编辑完毕后，选择水饺所在的"图层1"，使用 ◎（加深工具）在蒙版边缘处进行涂抹，将边缘加深，效果如图11-23所示。

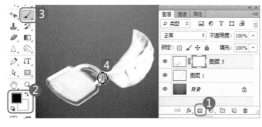

◁ 图11-22 编辑蒙版　　　　　　　　◁ 图11-23 加深

STEP23 按住Ctrl键单击"图层1"缩略图，调出选区，在"图层1"的下面新建一个"图层4"，将其填充前景色，效果如图11-24所示。

STEP24 执行菜单"滤镜/模糊/方框模糊"命令，打开"方框模糊"对话框，设置"半径"为30像素，如图11-25所示。

STEP25 设置完毕后单击"确定"按钮，按Ctrl+D键取消选区，再按Ctrl+T键调出变换框，按住Ctrl键拖动控制点将图像进行扭曲变换，效果如图11-26所示。

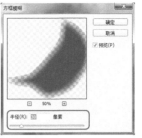

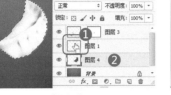

图11-24　调出选区　　　　图11-25　"方框模糊"对话框　　　　图11-26　变换

STEP26 按Enter键确定。单击"添加图层蒙版"按钮，为"图层4"添加图层蒙版，选择■（渐变工具），设置"渐变样式"为"线性渐变"、"渐变类型"为"从黑色到白色"，在图像的左上角向右下角拖动鼠标，填充渐变蒙版，效果如图11-27所示。

STEP27 使用 T （横排文字工具）在页面中输入相应的文字。至此本例制作完毕，效果如图11-28所示。

图11-27　添加蒙版　　　　　　　　图11-28　最终效果

实例92　电影海报设计

实例 ▶ 目的

通过制作如图11-29所示的流程效果图，了解"可选颜色"命令在本例中的应用。

扫一扫

微课视频

图11-29　流程图

实例 ▶ 重点

★　应用"纹理化""炭笔"和"颗粒"命令结合"混合模式"制作图像的背景；

★　应用变换对素材进行相应调整；

★　调出选区，反选选区并清除选区内容；　　　★　应用"描边"命令制作描边。

实例 **步骤**

制作背景

STEP 1 执行菜单"文件/新建"命令或按Ctrl+N键，打开"新建"对话框，参数设置如图11-30所示。

STEP 2 将前景色设置为"灰色"、背景色设置为"白色"，执行菜单"滤镜/滤镜库"命令，在打开的对话框中选择"纹理/纹理化"命令，打开"纹理化"对话框，参数设置如图11-31所示。

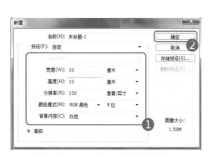

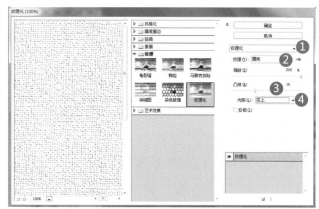

◁ 图11-30 "新建"对话框 ◁ 图11-31 "纹理化"对话框

STEP 3 设置完毕后单击"确定"按钮，效果如图11-32所示。

STEP 4 执行菜单"滤镜/滤镜库"命令，在打开的对话框中选择"素描/炭笔"命令，打开"炭笔"对话框，设置"炭笔粗细"为1、"细节"为5、"明/暗平衡"为100，如图11-33所示。

STEP 5 设置完毕后单击"确定"按钮，效果如图11-34所示。

◁ 图11-32 纹理化 ◁ 图11-33 "炭笔"对话框 ◁ 图11-34 炭笔效果

STEP 6 复制"背景"图层，执行菜单"滤镜/滤镜库"命令，在打开的对话框中选择"纹理/颗粒"命令，打开"颗粒"对话框，设置"强度"为70、"对比度"为45、"颗粒类型"为"垂直"，如图11-35所示。

STEP 7 设置完毕后单击"确定"按钮，设置"混合模式"为"变暗"、"不透明度"为45%，效果如图11-36所示。至此背景制作完成。

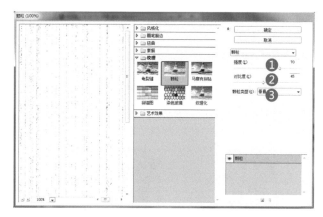

图11-35 "颗粒"对话框　　　　　　　　　　　图11-36 颗粒效果

制作广告主体

STEP 8 使用🔤（横排文字工具）在页面中输入文字，将文字图层全选，按Ctrl+T键调出变换框，拖动控制点将其进行旋转，按Enter键确定，再执行菜单"图层/栅格化/文字"命令，将文字图层转换成普通图层，效果如图11-37所示。

STEP 9 打开附赠资源中的"素材文件/第11章/剧照1和剧照2"素材，如图11-38和图11-39所示。

图11-37 输入文字　　　　图11-38 "剧照1"素材　　　图11-39 "剧照2"素材

STEP10 使用🔀（移动工具）拖动"剧照1"素材中的图像和"剧照2"素材中的图像到新建文件中，分别得到"图层1"和"图层2"，按Ctrl+T键调出变换框，拖动控制点将图像进行适当变换，效果如图11-40所示。

STEP11 将"图层1"和"图层2"都设置得透明一些，这样可以看见后面的图像，对其变换时有参照物，变换完毕后，按住Ctrl键单击16图层的缩略图，调出选区，如图11-41所示。

STEP12 按Ctrl+Shift+I键将选区反选，分别选择"图层1"和"图层2"，按Delete键清除选区内容，效果如图11-42所示。

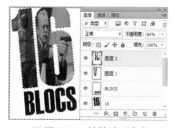

图11-40 变换　　　　　　　图11-41 调出选区　　　　　　图11-42 清除选区内容

STEP13 取消图层的不透明度，将"图层1"和"图层2"一同选取，按Ctrl+E键将其合并为一个图层，执行菜单"编辑/描边"命令，打开"描边"对话框，在"描边"部分设置"宽度"为"5像素"、"颜色"为"黑色"；在"位置"部分勾选"内部"；在"混合"部分设置为默认值，如图11-43所示。

STEP14 设置完毕后单击"确定"按钮，按Ctrl+D键取消选区，效果如图11-44所示。

STEP15 使用 T（横排文字工具）在页面中输入相应的文字。至此本例制作完毕，效果如图11-45所示。

图11-43 "描边"对话框

图11-44 描边

图11-45 最终效果

实例93 牛奶广告设计

实例 目的

通过制作如图11-46所示的流程效果图，了解"图层蒙版"在本例中的应用。

图11-46 流程图

实例 重点

★ 使用"渐变工具"绘制背景；　　★ 使用"添加图层蒙版"制作图像；

★ 使用"置入"命令置入素材；　　★ 使用"横排文字工具"输入文字。

扫一扫

微课视频

实例 步骤

制作背景

STEP 1 执行菜单"文件/新建"命令或按Ctrl+N键，打开"新建"对话框，设置"名称"为"牛奶广告设计"，其他设置如图11-47所示。

STEP 2 在"图层"面板上单击"创建新图层"按钮 ，新建"图层 1"图层，并将该层重命名为"背景"，如图11-48所示。

STEP 3 选择工具箱中的 （渐变工具），在属性栏上单击"渐变预览条"，打开"渐变编辑器"对话框，从左向右分别设置渐变色标值为RGB（211、227、132）、RGB（240、242、172）、RGB（247、245、185）、RGB（255、255、255）、RGB（251、248、196）、RGB（246、246、189），如图11-49所示。

图11-47　"新建"对话框

图11-48　新建图层并命名

图11-49　设置渐变颜色

STEP 4　单击"确定"按钮，在画布中从上向下拖曳，填充渐变色，如图11-50所示。

STEP 5　在"图层"面板上单击"创建新图层"按钮 ┙，新建"图层 1"图层，选择工具箱中的 ☑（钢笔工具），在画布上绘制路径，并转换为选区，在工具箱中设置前景色颜色值为RGB（95、182、48），按Alt+Delete键填充前景色，如图11-51所示。

STEP 6　在"图层"面板上单击"创建新图层"按钮 ┙，新建"图层 2"图层，按住Ctrl键的同时单击"图层 1"，调出"图层 1"的选区，在工具箱中设置前景色颜色值为RGB（55、104、9），并填充前景色，如图11-52所示。

图11-50　填充渐变色

图11-51　填充前景色1

图11-52　填充前景色2

STEP 7　选择工具箱中的 ☑（钢笔工具），在画布上绘制路径，并转换为选区，按Delete键删除选区中的图像，如图11-53所示。

STEP 8　在"图层"面板上单击"创建新图层"按钮 ┙，新建"图层 3"，选择工具箱中的 ☑（钢笔工具），在画布上绘制路径，如图11-54所示。

STEP 9　按Ctrl+Enter键将路径转换为选区，执行菜单"选择/修改/羽化"命令，打开"羽化选区"对话框，设置"羽化半径"值为10像素，如图11-55所示。

图11-53　删除图像

图11-54　绘制路径

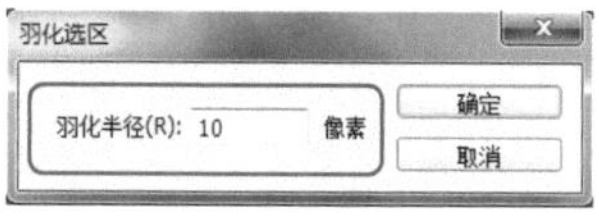

图11-55　"羽化选区"对话框

STEP10 单击"确定"按钮，羽化选区，在工具箱中设置前景色颜色值为RGB（98、86、0），并填充前景色，如图11-56所示。

STEP11 取消选区，选择工具箱中的 （涂抹工具），在图像上涂抹，至此背景部分制作完毕，效果如图11-57所示。

◀ 图11-56　填充前景色　　　　　　　　　　◀ 图11-57　涂抹

制作广告主体

STEP12 执行菜单"文件/置入"命令，将素材图像"素材文件/第11章/奶1.png"置入到画布上，如图11-58所示。

STEP13 按Enter键，确定置入，将该层栅格化，并重命名为"图层 4"，"图层"面板如图11-59所示。

STEP14 选择工具箱中的 （钢笔工具），在画布上绘制路径，如图11-60所示。

◀ 图11-58　置入　　　◀ 图11-59　"图层"面板　　　◀ 图11-60　绘制路径

STEP15 选择"图层 4"图层，在"图层"面板上单击"添加图层蒙版"按钮 ，添加图层蒙版，按Ctrl+Enter键，将路径转换为选区，在工具箱中设置前景色颜色值为RGB（0、0、0），在图层蒙版上填充前景色，如图11-61所示。

STEP16 填充蒙版后的"图层"面板如图11-62所示。

STEP17 取消选区，执行菜单"文件/置入"命令，将素材图像"素材文件/第11章/奶3.png"置入到画布上，如图11-63所示。

◀ 图11-61　图层蒙版　　　◀ 图11-62　"图层"面板　　　◀ 图11-63　置入

STEP18 按Enter键确定置入，将该层栅格化，并重命名为"图层 5"，"图层"面板如图11-64所示。

STEP19 选择"图层5"图层，在"图层"面板上单击"添加图层蒙版"按钮 ◙ ，添加图层蒙版，按住Ctrl键的同时单击"图层 4"图层的图层蒙版，调出该图层蒙版的选区，执行菜单"图像/调整/反相"命令，图像效果如图11-65所示。

STEP20 "图层"面板如图11-66所示。

◁ 图11-64 命名图层　　　　◁ 图11-65 蒙版　　　　◁ 图11-66 "图层"面板

STEP21 取消选区，执行菜单"文件/置入"命令，将素材图像"素材文件/第11章/奶2.png"置入到画布上，如图11-67所示。

STEP22 按Enter键确定置入，将该层栅格化，并重命名为"图层6"，"图层"面板如图11-68所示。

STEP23 在工具箱中设置前景色颜色值为RGB（98、162、49），单击T（横排文字工具）；执行菜单"窗口/字符"命令，打开"字符"面板，设置"字符"面板如图11-69所示。

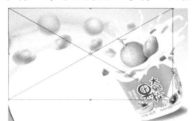

◁ 图11-67 置入　　　　◁ 图11-68 命名　◁ 图11-69 "字符"面板

STEP24 在画布上单击输入文字，如图11-70所示。

STEP25 在"图层"面板中拖动"文字"层到"创建新图层"按钮 ↵ 上，复制并隐藏"文字"层，将复制出来的文字层栅格化，"图层"面板如图11-71所示。

STEP26 双击该层，打开"图层样式"对话框，在左侧的"样式"列表勾选"投影"复选框，设置投影颜色值为RGB（35、24、21），其他设置如图11-72所示。

◁ 图11-70 输入文字　　　　◁ 图11-71 栅格化　　　　◁ 图11-72 设置"投影"样式

STEP27 勾选"斜面和浮雕"复选框，设置"斜面和浮雕"样式，如图11-73所示。

STEP28 勾选"描边"复选框，设置"描边颜色"值为RGB（255、255、255），其他设置如图11-74所示。

◄ 图11-73 设置"斜面和浮雕"样式   ◄ 图11-74 设置"描边"样式

STEP29 单击"确定"按钮，文字效果如图11-75所示。

STEP30 使用相同的方法制作其他文字层，至此本例制作完毕，效果如图11-76所示。

◄ 图11-75 应用样式后   ◄ 图11-76 最终效果

本章练习 Q →

练习

设计一个酒类广告，要求大小为180mm×135mm，设计时一定要围绕酒主题进行制作。

第12章

Photoshop CS6

封面与招贴设计

本章主要通过案例形式来展示封面与招贴设计的相关知识，为大家精心制作了三个案例，分别为产品手册封面设计、产品说明彩页设计和商场POP招贴设计。

本章重点 ★

- 产品手册封面设计
- 产品说明彩页设计
- 商场POP招贴设计

封面设计的概念和要素

封面是装帧艺术的重要组成部分，犹如音乐的序曲，是把读者带入内容的向导，让读者充分感受设计的魅力。封面设计中遵循平衡、韵律与调和的造型规律，突出主题，大胆设想，运用构图、色彩、图案等知识，设计出完美、典型而富有情感的封面，提高设计应用的能力。

文字

封面上简练的文字主要有书名（包括丛书名、副书名）、作者名和出版社名。这些留在封面上的文字信息，在设计中起着举足轻重的作用。

图形

包括摄影、插图和图案，有写实的、有抽象的，还有写意的。

色彩

色彩语言表达要遵循一致性，发挥色彩的视觉作用。色彩是最容易打动读者的书籍设计语言，虽然个人对色彩的感觉有差异，但对色彩的感官认识是有共同之处的。因此，色彩设计要与书籍内容的基本情调相呼应。

构图

构图的形式有垂直、水平、倾斜、曲线、交叉、向心、放射、三角、叠合、边线、散点、底纹等。

定位

封面设计的成败取决于设计定位，即要做好前期的客户沟通，具体内容包括封面设计的风格定位、企业文化及产品特点分析、行业特点定位、画册操作流程、客户的观点等，这些都可能影响封面设计的风格，所以说，好的封面设计一半来自于前期的沟通，这样才能体现用户的消费需要，为用户带来更大的销售业绩。

宣传作用

公司在生产出新型产品时，都要推销产品，运用摄影技巧，加上精美的说明文，作为广告宣传。但是相机无法表现超现实的、夸张而富有想象力的画面。这时运用绘画专业的特殊技法，效果更加突出。因为人类具有很强的表现能力，可以随意添加主观想象，将产品夸张或有意的简略、概括。与相机相比，表现图比相机拍出的产品多了几分憧憬和神秘感。相机技术无法满足无穷无际的想象。所以说，封面设计表现图是推销产品的武器。

产品美感的心理特征

人们对产品的审美感有着特殊的心理特征，是由以下多种感受的全部或部分共同组成的。

属性感

属性感是在年龄、性别、种族、职业、文化程度等消费者中产生的共鸣，产品要根据不同消费者的心理特点来进行封面设计，才能使各层次的消费者产生愉悦感。如男性产品在造型上要求粗犷、大方，多采用直线形，富有男子汉的气派；而女性产品则讲究秀美、纤巧，多使用曲线形，符合女性的心理。

新奇感

产品的外观造型具备强烈的视觉吸引力，根据消费者求新、求奇、求变的心理，产品采用新技术、新材料，增强消费者的购买欲。

特色感

产品造型通过精心的封面设计，使产品的使用功能——结构、材料、造型在风格上相统一，相得益彰，能深刻反映产品固有的特色和魅力，从而使消费者迅速地选择同种类型不同品牌的产品。

适用感

产品的造型和功能可使消费者对产品产生适用感，这种感受包含许多因素，如样式美观、经济方便、长期耐用、安全感、满足感等，这些都能刺激消费者的购买欲望。从美学应用规律来分析，凡是适销对路的产品都体现适用美和欣赏美的一致性。一款成功的产品，必须在人们的使用中给人以美的享受。这种美的享受就包含了欣赏美感和使用时的舒适愉悦感，欣赏美与适用美的统一，简单说就是"美"与"用"的统一。"用"是物品的效用功能，"美"则是"用"的外形的完善与内容的和谐统一。产品如果只注意外观美，而忽视功能，也就不称其为美。

招贴设计的概念 Q ➡

招贴又名海报或宣传画，属于户外广告，分布于各处街道、影剧院、展览会、商业区、机场、码头、车站、公园等公共场所，在国外被称为"瞬间"的街头艺术。虽然如今广告业发展日新月异，新的理论、新的观念、新的制作技术、新的传播手段、新的媒体形式不断涌现，但招贴始终无法代替，仍然在特定的领域中施展着活力，并取得了令人满意的广告宣传作用，这主要是由它的特征所决定的。

招贴设计的分类 Q ➡

招贴设计主要分为社会公共招贴（非营利性）、商业招贴（营利性）和艺术招贴等。

招贴设计的局限 Q ➡

✦　文字限制：招贴是给远距离、行动的人们观看，所以文字宜少不宜多。

✦　色彩限制：招贴的色彩宜少不宜多。

✦　形象限制：招贴的形象一般不宜过分细致周详，要有概括性。

✦　张贴限制：公共场所不宜随意张贴，必须在指定的场所内张贴。

招贴的设计步骤 Q ➡

在招贴设计的过程中，常见的有以下两种情况：一种是设计前翻阅各类资料，挑选合适的形式、手法进行移植，改头换面地套用设计的内容。另一种是不找任何资料，凭借自己所学的知识、激情、力量，再结合招贴设计的法则进行构思和构图。其结果，前一种显得拘泥而少灵气，模仿因素多；后一种创意明确，视觉流畅、饱满、生动、个性化强。

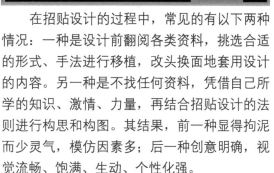

实例94 产品手册封面设计 🔍 ➡

实例 ▶ 目的

通过制作如图12-1所示的流程效果图，了解"收缩"和"羽化"命令在本例中的应用。

◀ 图12-1 流程图

实例 ▶ 重点

★ 新建文件并设置标尺；

★ 导入素材并调整大小和位置；

★ 使用"钢笔工具"绘制形状图层；

★ 通过"收缩""羽化"命令来制作气泡的雏形；

★ 为气泡添加高光；

★ 为文字添加图层样式和对文字进行变形操作。

扫一扫

微课视频

实例 ▶ 步骤

制作右半部分

STEP 1 执行菜单"文件/新建"命令或按Ctrl+N键，打开"新建"对话框，参数设置如图12-2所示。

STEP 2 按Ctrl+R键调出标尺，按照需要制作的手册封面大小，在标尺上向页面中拖出辅助线，如图12-3所示。

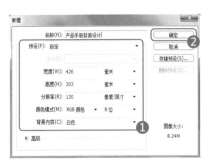

◀ 图12-2 "新建"对话框

◀ 图12-3 拖出辅助线

STEP 3 辅助线制作完成后，首先制作手册右半部分的效果，打开附赠资源中的"素材文件/第12章/餐桌"素材，如图12-4所示。

STEP 4 使用 (移动工具)拖动素材中的图像到新建文件中，得到"图层1"，按Ctrl+T键调出变换框，拖动控制点将图像进行适当缩放，如图12-5所示。

STEP 5 按Enter键确定，再打开附赠资源中的"素材文件/第12章/素材-人物"素材，如图12-6所示。

STEP 6 使用▶️（移动工具）拖动素材中的图像到新建文件中，得到"图层2"，按Ctrl+T键调出变换框，拖动控制点将图像进行适当缩放，如图12-7所示。

◁ 图12-4 素材 ◁ 图12-5 变换 ◁ 图12-6 素材 ◁ 图12-7 变换

STEP 7 选择🖋️（钢笔工具），在属性栏中选择"形状"选项，设置"填充"为"粉色"、"描边"为无，使用🖋️（钢笔工具）在页面中绘制如图12-8所示的形状。

STEP 8 使用同样的方法绘制"形状2"和"形状3"，只要稍微更改一下填充颜色即可，效果如图12-9所示。

◁ 图12-8 绘制形状 ◁ 图12-9 再次绘制形状

STEP 9 新建"图层3"，使用⭕（椭圆选框工具）在页面中绘制一个正圆选区并填充"粉色"，如图12-10所示。

STEP10 执行菜单"选择/修改/收缩"命令，打开"收缩选区"对话框，设置"收缩量"为30像素，单击"确定"按钮，效果如图12-11所示。

STEP11 执行菜单"选择/修改/羽化"命令，打开"羽化选区"对话框，设置"羽化半径"为45像素，单击"确定"按钮，效果如图12-12所示。

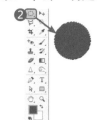

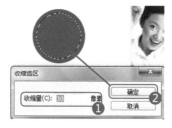

◁ 图12-10 绘制并填充选区 ◁ 图12-11 收缩选区 ◁ 图12-12 羽化

STEP12 按Delete键清除选区内容，效果如图12-13所示。

STEP13 按Ctrl+D键取消选区，下面制作小球上的高光，新建"图层4"，使用⭕（椭圆选框工具）在页面中绘制一个椭圆并填充"淡粉色"，如图12-14所示。

STEP14 按Ctrl+T键调出变换框，拖动控制点将小椭圆进行旋转，效果如图12-15所示。

◄ 图12-13　清除选区　　　◄ 图12-14　填充选区　　　　◄ 图12-15　旋转

STEP15 按Enter键确定，按Ctrl+D键取消选区，复制"图层4"，按Ctrl+T键调出变换框，拖动控制点将小椭圆进行缩放，效果如图12-16所示。

STEP16 再使用🖊（画笔工具）绘制下面的高光，按Ctrl+E键将小球所占用的图层合并，如图12-17所示。

STEP17 再复制几个小球图层，将其移动到相应的位置并调整大小，将图层进行链接，如图12-18所示。

◄ 图12-16　变换　　　　　◄ 图12-17　绘制高光　　　　◄ 图12-18　复制并变换

STEP18 打开附赠资源中的"素材文件/第12章/家用电器"素材，如图12-19所示。

STEP19 使用➕（移动工具）拖动素材中的图像到新建文件中，得到"图层3""图层4"和"图层5"，将图像分别移动到相应位置并调整大小，如图12-20所示。

STEP20 使用🅣（横排文字工具）在页面中输入如图12-21所示的文字。

◄ 图12-19　素材　　　　　◄ 图12-20　调整大小和位置　　◄ 图12-21　输入文字

STEP21 执行菜单"图层/图层样式/渐变叠加"命令，打开"图层样式"对话框，参数设置如图12-22所示。

STEP22 设置完毕后单击"确定"按钮，效果如图12-23所示。

STEP23 在文字图层下新建"图层6"，按住Ctrl键单击文字图层的缩略图，调出选区，如图12-24所示。

■ 图12-22　设置"渐变叠加"样式　　　　　■ 图12-23　渐变叠加　　　　　■ 图12-24　调出选区

STEP24 执行菜单"选择/修改/扩展"命令，打开"扩展选区"对话框，设置"扩展量"为5像素，单击"确定"按钮，效果如图12-25所示。

STEP25 将选区填充比较浅的"粉色"，效果如图12-26所示。

STEP26 按Ctrl+D键取消选区，执行菜单"图层/图层样式/投影"命令，打开"图层样式"对话框，参数设置如图12-27所示。

■ 图12-25　扩展选区　　　　　■ 图12-26　填充粉色　　　　　■ 图12-27　设置"投影"样式

STEP27 设置完毕后单击"确定"按钮，效果如图12-28所示。

STEP28 使用 T（横排文字工具）在页面中输入"仕龙电器，时尚家庭新主张"，如图12-29所示。

STEP29 执行菜单"文字/文字变形"命令，打开"变形文字"对话框，参数设置如图12-30所示。

■ 图12-28　添加投影　　　　　■ 图12-29　输入文字　　　　　■ 图12-30　"变形文字"对话框

STEP30 设置完毕后单击"确定"按钮，效果如图12-31所示。

STEP31 执行菜单"图层/图层样式/外发光"命令，打开"图层样式"对话框，参数设置如图12-32所示。

STEP32 设置完毕后单击"确定"按钮，再使用 T （横排文字工具）在页面中输入其他文字，至此右半部分制作完毕，效果如图12-33所示。

◁ 图12-31　变形文字　　　　　◁ 图12-32　设置"外发光"样式　　　　　◁ 图12-33　输入文字

制作左半部分

STEP33 下面制作手册的左半部分，复制"餐桌"所在的"图层1"，并将其移动到左半部分，如图12-34所示。

STEP34 单击"添加图层蒙版"按钮，为"图层1副本"添加空白蒙版，选择 ▣ （渐变工具），设置"渐变样式"为"线性渐变"、"渐变类型"为"从黑色到白色"，使用 ▣ （渐变工具）从下向上拖动鼠标填充渐变色，创建渐变蒙版，效果如图12-35所示。

◁ 图12-34　复制　　　　　　　　　◁ 图12-35　渐变蒙版

STEP35 在"图层2"上新建"图层7"，使用 ▣ （矩形工具）在页面中绘制三个不同粉色的矩形，如图12-36所示。

STEP36 再使用 T （横排文字工具）在页面中输入一些修饰文字。至此本例制作完毕，效果如图12-37所示。

▇图12-36 绘制矩形

▇图12-37 最终效果

实例95 产品说明彩页设计 🔍 ➡

实例 目的 🖎

通过制作如图12-38所示的流程效果图，了解"钢笔工具"在本例中的应用。

▇图12-38 流程图

实例 重点 🖎

★ 新建文件并设置标尺；

★ 导入素材并调整大小和位置；

★ 使用"钢笔工具"绘制形状图层；

★ 调出选区，移动选区位置并清除选区内容。

扫一扫

微课视频

实例 步骤 🖎

STEP 1 执行菜单"文件/新建"命令或按Ctrl+N键，打开"新建"对话框，设置文件的"宽度"为"190毫米"、"高度"为"266毫米"、"分辨率"为"120像素/英寸"、"颜色模式"为"RGB颜色"、"背景内容"为"白色"，然后单击"确定"按钮，如图12-39所示。

STEP 2 按Ctrl+R键调出标尺，按照需要制作单页大小，在标尺上向页面中拖出辅助线，如图12-40所示。

STEP 3 打开附赠资源中的"素材文件/第12章/餐桌2"素材，如图12-41所示。

▇图12-39 "新建"对话框

▇图12-40 辅助线

▇图12-41 素材

STEP 4 使用 （移动工具）拖动素材中的图像到新建文件中，得到"图层1"，按Ctrl+T键调出变换框，拖动控制点对图像进行适当缩放，如图12-42所示。

STEP 5 使用 （钢笔工具）在页面中绘制如图12-43所示的白色形状。

◁图12-42 变换

◁图12-43 绘制形状

STEP 6 新建"图层2"，按住Ctrl键单击"形状1"图层的缩略图，调出选区，将选区填充为"粉色"，如图12-44所示。

STEP 7 选择"选区工具"后，将选区向下移动，按Delete键清除选区内容，如图12-45所示。

◁图12-44 填充

◁图12-45 清除

STEP 8 按Ctrl+D键取消选区，设置"不透明度"为40%，效果如图12-46所示。

STEP 9 将"图层1""形状1"和"图层2"一同选取，使用 （移动工具）将其向下移动，打开附赠资源中的"素材文件/第12章/锅"素材，如图12-47所示。

◁图12-46 不透明度

◁图12-47 移动后打开素材

STEP10 使用 （移动工具）将素材移入相应的位置，再使用"文字工具"输入相应文字，完成本例的制作效果如图12-48所示。

图12-48 最终效果

实例96 商场POP招贴设计

实例 目的

通过制作如图12-49所示的效果图，了解"多边形工具"在本例中的应用。

图12-49 效果图

实例 重点

★ 使用"椭圆工具"绘制背景；
★ 使用"多边形工具"绘制星形；
★ 使用"钢笔工具"绘制出变形的文字；
★ 使用"横排文字工具"在画布上输入文字。

扫一扫

微课视频

实例 步骤

STEP 1 执行菜单"文件/新建"命令或按Ctrl+N键，打开"新建"对话框，设置"名称"为"商场POP招贴设计"，其他设置如图12-50所示。

STEP 2 在工具箱中设置前景色颜色值为RGB（216、33、24），在背景层上填充前景色，如图12-51所示。

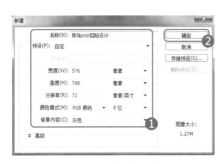

◁ 图12-50 "新建"对话框　　◁ 图12-51 填充

STEP 3 选择工具箱中的 ◎ （椭圆工具），在属性栏中选择"形状"选项，设置相应的"填充"颜色后绘制圆形形状，如图12-52所示。

◁ 图12-52 绘制图形

STEP 4 "图层"面板如图12-53所示。

STEP 5 选择工具箱中的 ◎ （多边形工具），在属性栏中设置"边"为5，单击"几何选项"按钮 ▾ ，勾选"星形"复选框，设置"缩进边依据"值为30%，如图12-54所示。

STEP 6 在画布上绘制星形，如图12-55所示。

STEP 7 双击刚刚绘制的"形状 4"图层，打开"图层样式"对话框，勾选"渐变叠加"复选框，单击"渐变预览条"，打开"渐变编辑器"对话框，从左向右分别设置渐变色标值为RGB（2、133、228）、RGB（33、42、99），如图12-56所示。

◁ 图12-53 "图层"面板　◁ 图12-54 设置多边形　◁ 图12-55 绘制星星　　◁ 图12-56 设置渐变颜色

STEP 8 单击"确定"按钮，其他设置如图12-57所示。

STEP 9 勾选"描边"复选框，设置描边颜色值为RGB（255、255、255），其他设置如图12-58所示。

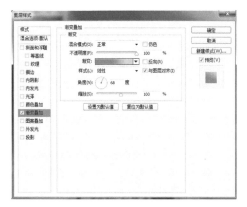

图12-57 设置"渐变叠加"样式

图12-58 设置"描边"样式

STEP10 单击"确定"按钮，图形效果如图12-59所示。

STEP11 使用相同的方法绘制其他图形，效果如图12-60所示。

STEP12 "图层"面板如图12-61所示。

图12-59 添加样式

图12-60 绘制其他星形

图12-61 "图层"面板

STEP13 在"图层"面板上单击"创建新图层"按钮 ↵，新建"图层1"，选择工具箱中的 （钢笔工具），在画布上绘制路径，并转换为选区，在工具箱中设置前景色颜色值为RGB（220、0、0），填充前景色，效果如图12-62所示。

STEP14 在"图层"面板上单击"创建新图层"按钮 ↵，新建"图层2"，按住Ctrl键的同时单击"图层1"图层，调出"图层1"图层的选区，在工具箱中设置前景色颜色值为RGB（180、0、0），并填充前景色，选择工具箱中的 （钢笔工具），在画布上绘制路径，并转换为选区，按Delete键删除选区中的图像，效果如图12-63所示。

STEP15 在"图层"面板上单击"创建新图层"按钮 ↵，新建"图层 3"，选择工具箱中的 （钢笔工具），在画布上绘制路径，并转换为选区，选择工具箱中的 （渐变工具），在属性栏中单击"渐变预览条"，打开"渐变编辑器"对话框，从左向右分别设置渐变色标值为RGB（255、255、255）、RGB（255、255、255），"不透明度"为70%、0%，如图12-64所示。

◁ 图12-62　绘制路径并转成选区　　　　◁ 图12-63　外发光　　　　◁ 图12-64　设置渐变

STEP16 单击"确定"按钮，在选区中拖曳，应用渐变填充，如图12-65所示。

STEP17 在"图层"面板上单击"创建新图层"按钮 ↵，新建"图层 4"图层，选择工具箱中的 ☑（钢笔工具），在画布上绘制路径，并转换为选区，在工具箱中设置前景色颜色值为RGB（255、255、255），并填充前景色，在"图层"面板上设置"不透明度"为70%，效果如图12-66所示。

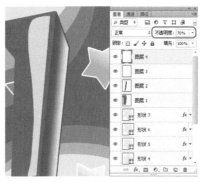

◁ 图12-65　填充渐变　　　　　　◁ 图12-66　绘制路径转换成选区并填充

STEP18 双击"图层 4"，打开"图层样式"对话框，勾选"投影"复选框，设置"投影颜色"为RGB（0、0、0），其他设置如图12-67所示。

STEP19 单击"确定"按钮，图像效果如图12-68所示。

◁ 图12-67　设置"投影"样式　　　　　◁ 图12-68　投影效果

STEP20 在"图层"面板上复制出"图层 1"图层，并将复制出来的"图层 1 副本"图层拖动到"图层 1"图层下面，按Ctrl+T键调整图像的形状，如图12-69所示。

STEP21 双击"图层 1 副本"图层，打开"图层样式"对话框，勾选"颜色叠加"复选框，设置叠加的颜色值为RGB（0、0、0），单击"确定"按钮，效果如图12-70所示。

STEP22 执行菜单"滤镜/模糊/高斯模糊"命令，打开"高斯模糊"对话框，设置"半径"为10像素，如图12-71所示。

  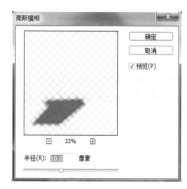

◀ 图12-69 变换　　　　◀ 图12-70 渐变叠加　　　　◀ 图12-71 "高斯模糊"对话框

STEP23 单击"确定"按钮，并在"图层"面板上设置"不透明度"为40%，效果如图12-72所示。

STEP24 选择工具箱中的◎（多边形工具），在属性栏中设置"边"为4，单击"几何选项"按钮▾，勾选"星形"复选框，设置"缩进边依据"值为70%，如图12-73所示。

STEP25 使用◎（多边形工具）在图像中绘制星星，如图12-74所示。

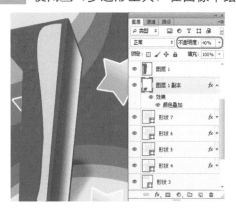 

◀ 图12-72 设置不透明度　　　◀ 图12-73 绘制图形　　　◀ 图12-74 绘制星星

STEP26 根据前面的方法，输入其他文字，并添加图层样式，效果如图12-75所示。

STEP27 至此本例制作完毕，效果如图12-76所示。

◄ 图12-75　输入文字　　　　　　　　　　　　　　　　　　◄ 图12-76　最终效果

本章练习　Q

练习

为自己喜欢的图书设计一个封面和封底。

习题答案　Q

第1章

1. B　　2. C　　3. A　　4. B

第2章

1. A　　2. B　　3. ACD　　4. B

第3章

1. B　　2. C　　3. D　　4. B　　5. B

第4章

1. A　　2. B　　3. ABC

第5章

1. B　　2. B　　3. A

第6章

1. C　　2. AB　　3. AD　　4. ABCD

5. AC　　6. AB　　7. AD　　8. C

第7章

1. ABC　　2. B　　3. C　　4. B

第8章

1. D　　2. AD　　3. B